—— 本书由2019年中共中央宣传部 ——

宣传思想文化青年英才项目自主选题

"艺术介入云南特色传统村落保护研究"资助

国家社会科学基金艺术学一般项目
（项目批准号：17BH174）

艺术乡建

艺术介入云南传统村落保护与发展的策略与实践

邹　洲　等著

商务印书馆
The Commercial Press
创于1897

序

    云南特殊的地域环境不仅造就了独特的生物多样性，更孕育了多彩的民族文化。至今还保留着多民族并存、多种生活方式迥异的传统村落画面，高原的复杂地形地貌，在一定程度上维系了生态环境与民族文化多样性存留的文化与习俗。在这种多元民族文化共生的环境中，能深深地感知到各民族依然保留着浓郁的文化根基与那份天真、质朴及对自然的敬畏之心，以及各民族尊重自然的智慧生活方式和"一方水土养一方人"的道理。生活在趋于同质化发展的城市人，行走在这样的村寨间，用身心去感受自然孕育并可生长的村落环境，能真正体会到民族传统村落的魅力以及生命的张力、艺术和信仰的诞生。这种宽容平和、与天地万物共生同构的思想，就是云南地区各民族最富现实意义的一种人文精神。这种蕴含民族传统文化的精神，处处体现出人与自然和谐共生，那一个个流淌着时间与空间记忆的村落，都是活着的人类宝贵的文化遗产。

但回顾我国30多年来的城镇化历程，我们看到，虽然城市让无数人成就了梦想，但同时也打破了无数人的乡愁，由于社会发展速度太快，大家几乎都没有来得及仔细思考，那滋养了中国人身心的故乡，很多只能停留在回忆之中。当下全国性的新农村建设、美丽乡村建设如火如荼，但千村一面的结果让我们感到惧怕。随着古村落旅游开发的热潮，我们见到了太多任性的资本和失败的案例，对古村落造成了不可逆的破坏。已经失去的乡愁，多已无踪可觅。2013年党的十八届三中全会之后，中央农村工作会议和中央城镇化工作会议陆续召开，提出要把"城市放在大自然中，把绿水青山保留给城市居民。要传承文化，发展有历史记忆、地域特色、民族特点的美丽城镇。要体现尊重自然、顺应自然、天人合一的理念，依托现有的山水脉络等独特风光，让居民望得见山、看得见水、记得住乡愁"。[1] 中央会议精神为中国特色发展指明了方向，城镇和乡村的发展是相对且不可分割的组成部分，新型城镇化是城乡发展的共同目标，中央会议的精神，对我国乡村的发展具有重要的指导意义。

　　近年来，伴随乡村振兴的推进，许多艺术家、设计师、建筑师开始进入乡村，各种艺术以其独具的吸引力、跨专业的特点在服务社会、教学及研究等领域与乡村的发展建设密切关联起来，在新的形式下，艺术手段该如何根据乡村发展的需求变化，不断探索与传承乡村的传统文化，改善传统村落生存发展的环境及形象，形成与当地自然环境的生态文化相和谐，并能够起到保护自然遗产和人

1　习近平：《城镇化的主要任务》，中央城镇化工作会议，中国政府网，2013.12.12-13。

文遗产，使传统村落极具特色的地域文化精神得以传续，并于现实生活之中，更具有符合今日的当代文化和审美，众多的村落也亟须通过艺术的多种手段，来连接传统文化与现代文明多样性的发展和协调统一。它的好处和作用大略有如下几点：第一，艺术手段可以广泛地介入乡村的文化产业、公共服务和文化符号建构、传统手工艺振兴、民居建筑设计、村落环境规划、农副产品营销等方面。第二，艺术也更贴近群众生活，实践性强，且具有形式引导效应，受众能够快速地借由艺术形象感知乡村的价值，可以借助视觉形象、产品应用等形式，实现丰富的精神生活、文化兴乡的积极目标。第三，艺术门类丰富、联动面广，能够直接和广泛地对接村落的优势和特色，可以成为乡村保护和发展的有效手段。实现生存环境、文化与资源条件的可持续发展，使"乡村文化形象"能通过艺术创作在全球快速同化的场景中突显出来，使不同环境条件下的社会生活保持其丰富、鲜活的本来面目，并通过艺术形象构建本土性的人文景观。以上几点，已经成为今天艺术乡建所面临的一个重要主题（表1）。

表1 云南传统村落保护与发展中艺术介入的认知条件与实践层面

可感知	自然生态格局	地理格局、水文、气候、生物活力等
	物质文化遗产	传统建筑、乡村聚落样貌、古迹等
	非物质文化遗产	传统口头文学、民俗风情、手工技艺、节庆活动、仪式、宗教文化、表演艺术等
可实践	空间场所	自然生态空间、民居空间、街巷空间、公共空间等等
	文化表征	基于感知的乡村文化进行物质及非物质性的艺术干预，如工艺、服饰、乐舞、叙事等

艺术家进村更是面对不同空间变化的特定现象，不同的地域环境给予文化生态不同的生长式样，环境的改变意味着文化方式会随之发生变化。云南极具代表性的传统村落的自然景观与人文景观，正在开始成为重要的旅游消费对象，也因此，各地都掀起了新一轮的打造乡村旅游及休闲小镇景观的热潮。各地正在以相同的方式不断地改变生存的环境，使社会趋于同质化发展；也扰乱了人类文化多元发展的生态规律。所以我们也需要重新审视艺术介入乡村的意义，更需要修复乡村社会关系和地方认同。艺术家应梳理清楚所要艺术干预的村落的自然和历史条件以及文化习俗，承担传统文化载体修复的责任，尊重村民的传统生活方式与耕作习惯，尊重村民的需求意愿，发挥他们的主体性和创造性，构建社群的文化认同；还要进行乡土教育，帮助村民在取得文化自觉的基础上找到文化自信，从而自觉地保护和传承自己的乡土文化。

艺术工作者更要将地方性知识和历史文脉吸收到自己的设计和创作中，明确是艺术本体更需要乡村这样一个更为广袤的创作空间，突破单一视角，从多角度看待问题并协同工作，面临各种复杂问题时，加强思维转型和跨领域多专业合作，构建出政府、乡村、企业、高校合作的交流平台和教育学习反哺的机制；通过反思和研究乡村建设的问题，共同讨论城乡人文景观建设的规范和标准。因为艺术具有揭露真实困境和诉求的批判性，有助于推动实际问题的解决，也有着更多挖掘乡村现实的可能性，乡村同时也需要艺术，借助艺术挖掘地方文化叙事、重建乡村独特的价值和社会关系。所以在城市资本链条中的乡村，如何权衡村民和游客的诉求，使村民成为不能被忽略的重要角色——诸多艺术的实践思考都成为今天在保护和发展传统村落文化艺术方面必须面对的挑战和迫切需要解决的问题（表2）。

表2 基于村落传统空间可发展的文化艺术介入

形式	功能分析
体验	传统村落日常生产生活的体验性维度（空间），包括乡土生活体验、乡土文化氛围体验、乡土活动体验、乡土技艺体验等相应的乡土项目体验，包括村民的日常生活。
再现	传统村落文化空间的活态传承。
反馈	1. 寻求体验者使用空间后的使用反馈； 2. 从需求出发，根据反馈后出现的问题进行组织下一次的文化艺术过程。

我们深感以艺术为手段介入到传统村落的保护与发展中是一个极具普遍性的难题，更是当前新农村建设、城乡一体化建设发展中各地急需解决的难题。这一难题在于其涉及对传统的深刻认识问题，更在于解决这一难题的核心是广大村落中的百姓，因此，课题团队在国家社科基金艺术学项目"艺术介入在云南传统村落保护与发展中的策略与实践研究"的支持下，以云南的特色村落为单位，系统开展有代表性、极富特色的乡村调研与艺术介入实践工作，同时涵盖了不同的艺术门类在乡村中以各自的方式观察及介入乡村社会发展的过程，并把艺术形式带入草根大众生活中，作为乡村新文化运动的窗口，对社区重建进行反思，并且提倡环保节约型社会，为传统村落的原住居民在现代生活背景下何去何从提供参考的依据和解决的出路。

以实践和研究后总结形成的案例及方法形成了本书的各部分内容，研究共由十个部分组成。第一部分提出了本研究的背景目的、研究方法、内容和框架，由该项目负责人云南艺术学院设计学院邹洲教授撰写。第二部分基于云南传统村落价值的内生性动力的理论与运用，由云南艺术学院设计学院谭人数副教授撰写。第三部分是云南少数民族人文居住空间传统营造技艺研究与改良实践，由云南艺术学院设计学院王睿教师撰写。第四部分以云南原生性民居的演化机制为基础的设计实践研究，也由谭人数副教授撰写。第五部分为文化重塑视野下公共艺术介入云南传统村落保护发展中的实践，由云南艺术学院设计学院张琳琳教师撰写。第六部分为传统工艺在云南传统村落保护与发展中的策略与实践，由云南艺术学院设计学院杜科迪教师撰写。第七部分是云南少数民族村落传统服饰调研与改良实践，由云南艺术学院设计学院孙琦教授撰写。第八部分为云南少数民族聚落传统乐舞的记录与活化实践，由云南艺术学院民族艺术研究院黄凌飞教授撰写。第九部分为视听媒介视域下对云南传统聚落的文化叙事与唤起方法，由云南艺术学院影视学院汪洋教师撰写。第十部分是应用戏剧介入云南乡村的实践与策略，由云南艺术学院文华学院马琪娜教师撰写。希望本书的写作可以管中窥豹，讨论云南传统村落在艺术干预保护和发展过程中发生的变化，并把对艺术介入的乡村发展规律和总结带给正在进行艺术文化和乡村发展工作的读者，并对乡村工作者带来多角度的启发和帮助。

回顾过去，放眼未来，在今天做这样一件事，比以往任何一个时代都更具有意义和价值。随着城乡的建设与发展，艺术和乡村之间，借助当今各种技术的桥梁，走得前所未有的近。随着科技的进步与发展，这些知识、积累与能量，能给文化一个归属，更可以向这一代、下一代，乃至以后生生不息的人类社会证明我们自身的文化身份与道德情感；向世界，乃至更多存在着的未知世界介绍我们自己的身份。以此作为一个好的起点，期待云南的众多传统村落借文化艺术的助力焕发出新的生机。

本书由2019年中央宣传部宣传思想文化青年英才项目自主选题"艺术介入云南特色传统村落保护研究"资助。

邹　洲

目 录

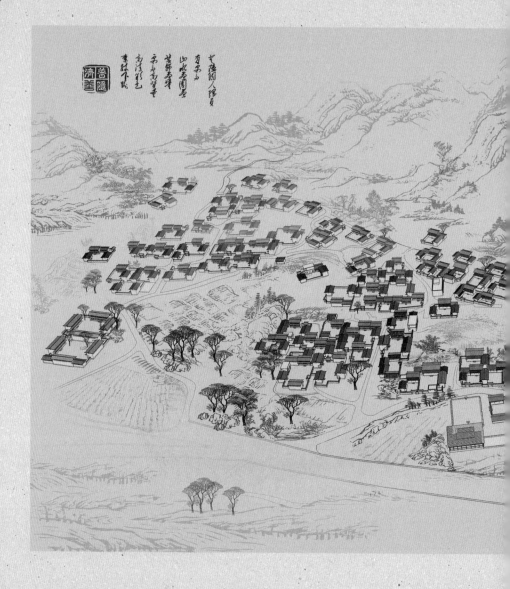

第一章

绪论

一 研究背景

科技进步，快速改变了过去数千年间社会渐进发展的模式，世界各角落、族群其各具文化特色的生活方式被不断冲击，趋于同质化。我们无法回避的是，现代科技在不断改善人类物质生活的同时，负面问题也接踵而至，我们正付出成倍的代价，但也很难恢复自然生态的有机平衡。割裂了人与自然、科技间的有机联系，必将造成技术与社会、技术与生态、物质价值与精神价值之间的对立矛盾。在这种背景下，生物多样性、文化多元、人与自然和谐共生逐步成为我们关注的重点与研究方向。

依据目前的统计数据，我国现有文化特色及保护价值的传统村落数量众多，其中又以云南最多、最有代表性，有615个已经列入了国家级传统村落之列，高居全国首位。这充分表明云南民族文化资源的丰富多样，同时对保护工作也是极大的挑战。当代面临的问题也是历史问题的延续，又是全球化对地方的同质取代、城镇化进程在乡村尺度的延伸，更是无数个不能简单归类的差异现象的并置与累积。

云南众多传统村落便是无数特殊性个案中的重要组成部分。众多的民族聚居区不仅具有村落肌理和建筑形态的特殊，更是保留着传统农耕文化的当代景观，在社会视角下又呈现为城市游客对于自然环境和村庄的消费预期。作为传统村落历史演进的一个切片，结合村落自身特色，因地制宜寻找保护与发展的平衡点，探索云南传统村落保护发展的方法和手段，已成为日趋紧迫的任务与课题。更重要的是云南的传统村落价值涵盖面很宽，包含有历史、民族、地区等要素，具有较高的保存完整度与多样的社会人文及建筑形态样式，其所具有的多样性珍贵价值获得了国内外专家学者的一致认可。可是目前从规划建筑业的角度开展的村落规划，往往重视规划与建筑本身，而忽视了古村落由文化与时代自然共生的规律，同时也打破了前来寻访乡土云南的人们对乡村的淳朴想象。

文化不是无根之木，乡村也不是一具空壳。"记住乡愁"是记住历史的厚重，是彰显地方特色的文化符号，是村民们重新找回家园的心灵归属，是城乡特色化和差异化发展的核心所在和不同的文化体验。我们要保护好带有地方精神文化层面的情感代码，秉持着"乡愁"的基因带入社会和文化建设的底线。有魅力的美丽乡村要有独特的"村魂"，"村魂"即是千百年来自然孕育并不断生长的村落文化，犹如树木的根脉，留住了根脉，即留住了"村魂"，并能不断吸引新生代去研究其文化，求证其历史，传播有价值的民族文化能量，才能用"村魂"不断塑造面向未来发展的村落文明。

直面历史，"乡村既不等同于落后愚昧，也不是充满欢乐的故园"[1]；面向

---

1 〔英〕雷蒙·威廉斯：《城市与乡村》，韩子满、刘戈、徐珊珊译，北京：商务印书馆，2023年版。

未来，不断膨胀的都市越来越脆弱，它面临太多需要解决的问题与矛盾。过去艺术家们的"下乡采风"，即到农村去采集他们的创作灵感。多数只停留在对某些文化遗产的整理和传播，在某种意义上，它是一种对农村的索取，无法激起对乡村重建的更多参与，更让它的印象和亲和力受损。比起村落的自然衰败，这样的艺术更加令人丧失信心。早期中国平民教育和乡村建设运动的代表人物晏阳初、梁漱溟，开始就在重拾民国时代平教和乡建的思想资源，并在各地发起乡村建设运动。他们主张重视农民，重视教育；强调农民组织；重视知识分子的作用，即通过在各地农村的各种政治、经济和文化层面的建设实践，批判全球化和过度城市化，重申乡土问题的重要性，摸索中国发展的另类道路。从艺术生产的角度来说，艺术介入农村发展，是出于对当下艺术系统及制度的一种反思。不管是包豪斯还是黑山学院皆主张艺术实践的意义，黑山学院更突出平权的乌托邦教育，通过跨学科的试验和探索去发现艺术的可能性。当代艺术经历了三个形式，是从"物象艺术"到"行为艺术"再到"行动艺术"。"物象艺术"可以理解为可触摸的艺术，有本身固定的形态，如绘画、音乐和雕塑等。"行为艺术"是通过表演的形式，表达对社会的思考和触动。而从"行动艺术"开始，就体现出回到现实和现场的艺术家们的社会干预和践行。这样的艺术表达比行为艺术又往社会性的参与更进了一步，使艺术本身脱离了以展览收藏为目的的高雅艺术殿堂，离开了美术馆。如果说，行为艺术还是以表演自身去触动观众，那么，行动艺术就真正回归到了参与生活本身和融入社会性的现实之中（图1-1）。

源流

图1-1 / 乡村建设的源流

　　"三农"专家温铁军2004年被聘为中国人民大学农村发展学院院长，他以学院为智库基地，利用问题研究切入乡村的政治和经济层面，开展社区组织、举办社区大学、进行农业技术培训、帮助农民建立经济合作社、发展社区支持农业等，国内著名的碧山计划更侧重于以艺术为起点进入农村。选择了艺术生产作为建设实践的主要切入点。在亚洲多个地区的艺术家和知识分子在农村的艺术实验，包括台湾美农黄蝶祭、池上大地艺术，RirkritTiravanija在泰国清迈的"土地计划"（The Land Project），日本越后妻有三年展在新泻县山区农村的展览活动，印度作家等等，他们有的在探索艺术制度的另类模式，有的则在思考文化如何介入社会运动和建设，在曾经以稻米为食、以农业为本的亚洲地区，这些实践均聚焦于全球经济一体化对于当地政治、经济、文化和传统生活方式的冲击，积极激发被忽视的农村地区的活力（表1-1）。

表1-1 艺术介入乡村建设的典型案例

时 间	案 例	地 点	起 因	参与者	主要活动	目 的	成 果
2001年	土沟村社区营造计划	台湾地区台南市土沟村	1994年提出"社区发展"概念，2001年村内成立"土沟农村文化营造协会"	台南艺术大学师生、当地村民、当地政府、志愿者	改造村落环境、荒地造园、旧屋改造、公共艺术创作、打造农村美术馆	解决村落空心化、生产、文化发展的困境	提升社区的自治力，重塑乡村凝聚力，让一个普通的村落变成村落美术馆
2007年	许村计划	山西省和顺县松烟镇许村	原和顺县政协主席范乃文邀请艺术家渠岩对村落进行改造	艺术家团体、政府、乡村精英、志愿者、村民	改造老建筑空间、建立国际艺术公社、制定乡约民规、举办国际艺术节、许村论坛	激活逐渐凋敝的乡村，寻找乡村复兴的方法与途径	艺术推动村落的复兴
2009年	石节子美术馆	甘肃天水市秦安县石节子村	通过当代艺术让外界关注甘肃贫困山区农村及农民的生存状态	靳勒、村民、艺术家、高校师生	带村民前往德国参展、举办电影节，将整个村落打造为美术馆	艺术家靳勒为解决乡村没落的现状	从一个偏僻面临没落的村子变为一座乡村美术馆
2011年	碧山计划	安徽省碧山县碧山村	利用碧山的自然风景文化历史遗存，创建碧山共同体	欧宁、左靖、艺术家、文人、政府、村民	发起丰年祭、打造碧山书局、建立工销社和理农馆、调研当地手工艺、出版《黟县百工》《碧山》系列书籍	改变碧山地区的经济文化生活	因资金问题和政府干涉停滞，但却是艺术乡建的典范，促进当地文化复兴，激活农村公共生活，为乡建提供新的思路

续表

时 间	案 例	地 点	起 因	参与者	主要活动	目 的	成 果
2012年	羊磴艺术合作社	贵州省遵义市桐梓县羊磴镇	艺术家与当地村民共同参与的综合艺术项目实践	发起人焦兴涛、艺术家、学者、川美雕塑系师生、村民	与当地木匠合作"乡村木工计划"、艺术家与普通民村合作完成与村民生活相关的作品、组建说事室、建立文化艺术馆、发起旅游团参观羊磴、"拯救钢丝桥众筹"等	将艺术还原成形式化的生活	乡村基层现状被外界关注、村民融入艺术创作、为艺术教育实践拓展角度
2015年	雨补鲁计划	贵州省黔西南布依族苗族自治州兴义市清水河镇雨补鲁寨	中央美术学院雕塑系第五工作室以"艺术介入乡村"艺术创作实践	美院师生、政府、村民	场域扰动计划、废旧物再利用"盆景计划""衣旧出彩""因地制艺"等	尝试建立"艺术+乡村"的中国传统文化发展之路	村落传统风貌保护、居住条件提升、带动乡村旅游与文创发展
2016年	茅贡计划	贵州黎平县茅贡镇	对文艺乡建的反思，乡村建设的另外一种探索	艺术家、村民、政府、建筑师、设计师	粮库、供销社闲置空间修缮，在地文化的相关展览，农产品手工艺土特产产品生产	通过空间生产、文化生产、产品生产开创一种混杂的文化经济模式	开辟了乡镇建设的道路、村寨自然生态、社区文脉得到保护、乡土文化得到传承
2016年	景迈山	云南省普洱市澜沧拉祜族自治县惠民镇	景迈山申报世界遗产子项目	策展人、艺术家、建筑师、设计师、政府、村民	改造旧民居为公共空间、举办翁基小展馆	梳理当地文化、服务当地	通过展览实现乡土教育功能、传统建筑得到改进、输出了乡村价值

续表

时 间	案 例	地 点	起 因	参与者	主要活动	目 的	成 果
2016年	青田范式	广东顺德龙潭青田村	多主体乡建联动的实践	村民、乡贤、政府、基金会、高校师生、艺术家	编写村史、开设青田论坛、修复改造民宅、成立慈善基金会、村落建设系统工程、清洁家园行动、青藜书院讲座	青田乡村的复兴	村内民俗文化得到复兴、重塑乡村价值体系、提出"青田范式",建立乡村共同体

　　是城市拯救乡村,还是乡村拯救城市?我们对城乡发展矛盾的纠结、困惑,恰好反映了当代社会发展面临的危机。我们该如何化解这种发展过程中日趋激烈的矛盾冲突?现实是,乡里人有走进都市的欲望,有享受现代科技文明带来的便利生活的权利;城市人有回归乡村的渴求,亲近自然、享受寂静,感受乡土文化的气息。这是城市快速发展导致僵化了的群体生活的必然需求。解决这些问题更需要有责任感的智慧设计。我们更需要多样的城市与多样的乡村。当下全国性的新农村建设、美丽乡村建设如火如荼,但千村一面的趋势让我们感到惧怕。

二　研究的目的及意义

　　在国内外已开展的研究背景之下,本项目更致力于对农业传统的忧虑和过度城市化的对立思考,从云南丰富的传统村落文化资源出发，依据艺术手段的优势，开展以当代为背景的云南乡村文化活动，研究涉及村落历史展示、传统民居的保护再生、传统手工艺的激活、民族服饰的传续、地方乐舞的表演与活化、影像记录与应用戏剧的干预实践等，以艺术门类介入乡村为最初的切入点，但最终也希望在农村的艺术活化工作，可触及政治和经济层面。发挥艺术创造的传播与感染效应，吸引更多的人关注和参与，立足艺术服务实践新的农业生活方式，在农村地区展开实践互助行动，回归历史身份与土地自信，逐步降低对城市的依附和对公共服务的依赖，用艺术手段和才智为村落的发展和文化、政治、经济发展奉献力量，再次激活传统村落的活力，重塑符合时代背景的农业故土的构想。（图1-2）

作为本研究项目主体的云南艺术学院乡村实践工作群，是在"乡村建设"的整体语境中重新定位"乡村艺术介入"作为教学研究的重点，重新激活农村公共空间中日常生活里的特殊性时刻，强调新与旧、过去与现在、农村与城市、结构与体验、技术与艺术、实验与实践的结合。这一切都源自对中国传统农耕文明的眷念和对过度城市化造成弊端的反思，并通过教学来拓展艺术学科的内涵与外延。目前工作群已在云南丽江普济村、红河元阳阿者科村、牛裸蒲村、西双版纳曼扁村、曼掌村、曼旦村昆明呈贡万溪冲村、团结乡大墨雨村、大理巍山啄木郎村、石屏符家营村、芦子沟村、郑营村、老旭甸村、慕善村、玉溪华宁碗窑村、上下村等十余个特色村落开展乡村文化为主题的影展、在地剧场、传统民族音乐记录与当代影像实验，并进行传统民居保育与活化设计、环境改良设计、传统手工艺、民族服饰升级研发与教育等艺术介入形式的田野实践数据收集与整理。在思考上保持大的视野，行动上却着眼于最小的点，以每一个村落或农村家庭为单位，对所介入干预的成果资料在行动后期进行思考和整理，对收集到

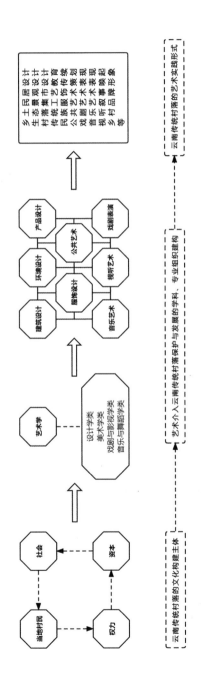

图1-2 / 学科专业组织架构图

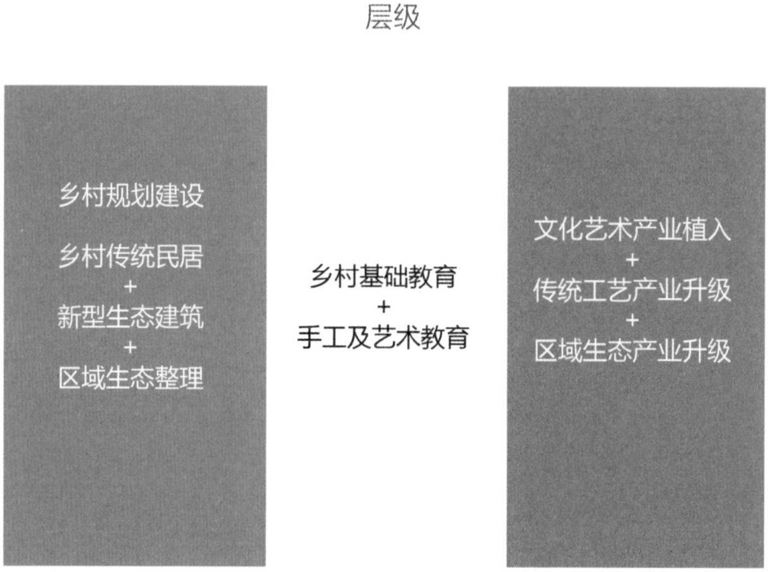

层级

乡村规划建设

乡村传统民居
+
新型生态建筑
+
区域生态整理

乡村基础教育
+
手工及艺术教育

文化艺术产业植入
+
传统工艺产业升级
+
区域生态产业升级

图1-3 / 研究所涉及的层级与内容

的重要内容和信息进行详细的记载和编目。以传统村落保护为基础，以"农业、农民、农村"作为研究的背景，以"生态、生活、生产"和"传统、当代、未来"作为乡村设计与关注的角度与立场，以"弥和沟通、迭代生长、有机更新"作为策略。同时，我们还编写了"云南传统村落保护计划系列丛书"十余部，通过艺术文化的助力带动乡村保护与发展，让乡村生活区条件大为改善。村民收入增加，部分年轻人离城返乡就业创业，并持续为当地政府提供乡村规划决策意见，获得了村民与乡镇干部的好评与肯定。（图1-3）

三　研究方法

本研究内容选择涵盖云南不同文化特色的民族村落，艺术介入团队对乡村建设的参与，既要保护传统文化和延续传统智慧，又要在新的历史条件下提出艺术门类跨界的方法。并且重点对云南传统村落的历史留存、民居建筑、民间习俗文化、传统手工技艺进行采访，在调查的基础上邀请村民共同合作，进行以激活再生为目的的艺术教育与再创作，除了传续民间传统，更逐步把工作内容和成果转化为当地乡村的生产力，为传统村落带来了新的再生机会。选题立意从当下云南传统村落保护所面临的实际问题出发，对现状进行分析，主要围绕对云南典型特色村落展开深入的调查研究和介入反馈，过程中根据任务不同选择了以下相对应的方法：

1.运用文献研究法针对既有的文献以及相关资料进行分析，围绕云南少数民族居住区的文化、艺术要素构成，来解析和总结村落的艺术特征与文化的关系。利用历史参考等几个领域相关背景知识资料库，对本课题相关已有的文献进行分析和对比。对村落内具有代表性的问题进行深度的成因研究和干预比较。查阅相关文献和走访传统村落内现在的原住居民和该领域的专家，综合历史沿革，并对调查的数据进行归纳，找出村落历史文化的共性和规律性及问题产生的原因，为介入研究提供确凿的数据和分析依据。

2.通过实地调查法对进行艺术介入的保护村落范围进行全面调查，并选择研究范围内具有代表性的例子进行深度研究、比较。查阅相关文献和走访村落内现在的原住居民和专家学者，综合历史沿革，并对调查的数据进行归纳，找出村落历史文化的共性和规律性及问题产生的原因，为研究提供确凿的数据和分析依据。

3.再运用量化研究法，对各种艺术干预后的影响因子通过切实的对比加以价值判断，从而增强艺术介入研究的客观性与准确性。

4.通过理论研究与案例研究相结合的研究方法，在对云南特色传统村落保护研究的基础上，分析村落存在的问题和现状，透过文化艺术的行动方式，应用当代的设计理念和营造手段、乐舞和影像叙事，运用戏剧等专业领域在村落文化保护与延续中的手段，从而为传统村落的文化保护与更新提供具体的帮助和形成一定的措施和方法。

研究重点放在探索以村民为主体的经济模式，建立城乡互哺的良性关系，艺术介入传统村落行动起到的实践和传播作用，理论与实践研究可推动云南传统村落物质文化与非物质文化的保护与发展，并能大大弥补建筑规划单一且硬性方式的不足，但难点在于艺术介入后的实施对象可持续发展问题，需要长时间观察并总结各地不同的文化背景及影响，但必然能促进艺术参与和回应现实问题，并在云南传统村落的保护与发展中持续产生作用，在继承本土传统特色的方向沿着可持续的时代精神走出独有的魅力和特色。（图1-4）

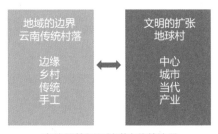

图1-4 / 艺术介入云南传统村落的研究出发点

四 研究框架

艺术介入云南传统村落保护与发展策略研究的出发点，是对中国过度城市化导致农村凋敝、城乡关系失衡等现实的忧虑，它采纳的思想资源是中国传统的农业思想和乡村哲学，如温铁军所言："中国社会，不论城乡，都是一个统一的大的末梢到县级为止，县级以下，依靠乡绅自治，由此维持一个稳定的社会结构。[1]"在此基础上，思考艺术文化如何介入社会运动和建设，在曾经以稻米为食、以农业为本的亚洲地区，致力于激发被忽视的农村地区的活力，以艺术为最初的切入点，但最终也希望在农村的工作可触及政治和经济层面。探索以农民为主体的经济模式，建立城乡互哺的良性关系，重点要在新的历史条件下，继承艺术传播的优点，并在一个开放的视野下探索出一种不同于其他地区的有中国特点的新路。（图1-5）

成果研究的主要内容集中在乡村振兴的背景之下，多种艺术门类和手段成为提升乡村社会价值的桥梁。研究的主要内容共由十个部分组成。在开始的第一部分提出了本文研究的背景目的、研究的方法、内容和框架。第二部分基于云南传统村落价值的内生动力的理论与运用，探讨了以民居建筑环境为例的村落自身变化以及以村民为主体的自治组织系统。第三部分讨论云南少数民族人文居住空间传统营造技艺研究与改良实践，分析了云南多民族地区的传统空间的传统营造智慧与产生的文化背景，并在此基础上分析了当代新营造技术带来的改变和反思。第四部分以云南原生性民居的演化机制为基础的设计实践研究，主要分析了传统民居在当下所面临的问题与演变机制，并以介

1　温铁军：《中国农村基本经济制度研究》，北京：中国经济出版社，2000年版，第411页。

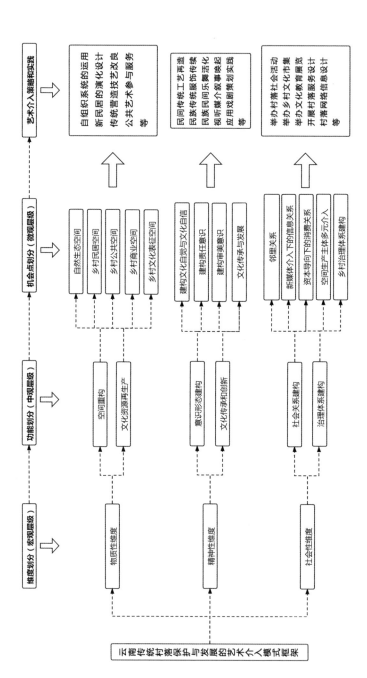

图1-5 / 艺术介入模式框架

入为手段分析了设计干预的实践方法和导向。第五部分研究的是文化重塑视野下公共艺术介入云南传统村落保护发展中的实践，主要分析了当代公共艺术在传统村落中的实践与反馈，用多个案例分析了公共艺术介入后和当地村民互动的共性和所产生的文化价值。第六部分是传统工艺在云南传统村落保护与发展中的策略与实践，以民间传统工艺的传承和发展为手段，研究了如何以村民为主体的发展视角下民间艺术复兴的条件、措施、策略以及教育介入的成果。第七部分为云南少数民族村落传统服饰调研与改良实践，介绍了传统的云南民族村落服饰的系列调研和相关培训、传习场所的建设、经验的示范价值等。第八部分为云南少数民族聚落传统乐舞的记录与活化实践，讨论了仪式场域中的乐舞"表演"，形成传统村落的多元记忆，以及传承生态观当代实践的意义。第九部分为视听媒介视域下云南传统聚落的文化叙事与唤起方法。以视听思维与影像叙事为介入观察手段，最终形成从"物质"到"精神"的唤起的多种可能性。第十部分为应用戏剧介入云南乡村的实践与策略，从应用戏剧对社会学研究对象找寻身份认同感，到缓解观察的焦虑与疏离，在解决村民的觉醒意义与价值方面提出方法，讨论云南传统村落在艺术干预保护和发展过程中发生的变化。最后是结语，总结研究了所得到的成果和观点。

五 研究综述

近年来，艺术介入传统村落保护与发展，获得了越来越多的关注，其主旨是以艺术介入乡村建设，使艺术成为提升乡村社会价值的手段。各类乡村艺术活动如火如荼，却依然在"发展"和"保护"两个话语中交替进行。"发展"是现代化的词汇，是城市化进程向边疆村落挺进的社会文化实践；而"保护"实际上是内在于发展话语内部的"保护"，还是服务于经济和市场的。在世界发展的近代史上，我们看到以工业文明、城市发展为导向的历史变迁，大部分是以牺牲弱势的乡村为代价的，甚至可以说是村落的加速消失才促成了都市的发展。工业文明、现代化带来的乡村变化问题已经成为全世界最为广泛的问题，每天都有许多古村落在消失，许多乡村日益空巢化。无论是哪一种发展主义，都将乡村设置为单线发展链条的最底端，表现出对过去、传统、手艺、自然，或者说"缓慢"的鄙夷，我们今天要保护的非物质文化遗产在传统的村落里大部分都还有留存，我们要传承的中华优秀传统文化观也都出自乡村。城市时尚起来了，乡村却落后和衰败了，这不是一种平衡的社会发展方式。

艺术介入乡村建设是时代使然。当代乡村需要有新的创意，有新的符合时代的生活方式，这样才能使乡村发展，才能把已经离开的村民再次吸引回故乡，甚至把知识精英都吸引到乡村，不仅要让乡村搞经济建设富裕起来，还要让乡村的内在美好起来，甚至文化和艺术形式丰富起来，让艺术更具地方特色，让原生村落成为文化精神的归属之地。艺术家能把可以感受到的文化变成可看到、可触摸的文化符号和民众喜闻乐见的艺术形式，逐渐融入到我们的生活空间中，形成新的文化习惯。所以，艺术和设计除了可以不断提升村落的公共服务水平和品牌形象，还可以在美化乡村环境、民居样式等方面发挥重要作用，并且促进村落的传统产业升级和文旅产业升级。（图1-6）

步骤

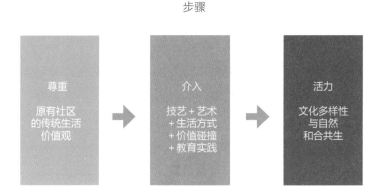

图1-6　/　艺术介入云南传统村落的实践步骤

国内关于艺术介入传统村落建设方面的专题论著皆有广泛意义和深度的见解，比如《艺术介入美丽乡村建设——人类学家与艺术家对话录》（第一部、第二部）（方李莉主编，文化艺术出版社），以及《碧山》系列丛书（左靖主编，中信出版集团）等。这些专著都着力研究了艺术在介入中国众多的传统村落保护与发展的原因、实践过程，以及路径和技术性，以及最终涉及村落文化发展的多元性等层面。诸多人类学家、艺术文艺评论家，都对文化干预乡村发展做了系统的研究，对于研究艺术在介入传统村落保护与发展问题，有很大的参考价值。并建立了系统的共识，作为规划与建筑领域的保护方法，从一定层面能够解决村民急需的生活环境及物质需求，但作为精神归属与长久的文化建设以及社会关注度的问题，对于物质文化遗产与非物质文化遗产的软性保护与再新研究，很多领域尚属于实验与研究阶段，传统村落文化艺术介入后的效果与发展研究，还亟须艺术家、设计师本着社会学、人类学的视野去实践和总结。

走进云南，立刻就能看到当地民众自然质朴的生活与多样性存留的文化与习俗。云南拥有为数最多的民族传统村落，这里的传统村落拥有各自的独特性和自然同生共融的宽厚，依然保留着文化多样性的根基与那份天真、质朴以及对自然的敬畏之心。我们可以看到依山水之势、就地取材的建筑样式以及"一方水土养一方人"的道理。在这里生活的26个民族，最大程度地保留了与自然相谐的生活方式，共存共融，绵延不绝。这些传统村落属于普通百姓，人们在这里生活、劳作，一代代地繁衍，是人类多样化生活的一个不可多得的样本。但任何文化都必须是保持活态的，才可能不断地生长和演变。因此，我们的目标不是以凝固的方式去保护这些文化遗产，而应该进一步赋予这些遗产以活力，为我们当代所用。而当代艺术手段的最大优势和特点，就是通过具有感染力的形式去激活濒于消亡的传统和非物质文化遗产。这就是艺术介入云南传统村落保护和发展的价值之所在。

乡村振兴战略的出台，使"乡村"成了当下中国的关键词。乡村建设的潮流方兴未艾，从中衍生出许多"乡村＋"的概念，如"乡村＋教育""乡村＋环保"等。"乡村＋艺术"便是在这股乡建潮流中涌出的新概念。

艺术乡建是当前"乡村＋艺术"的重要表现形式，其主旨是以艺术介入乡村建设，使艺术成为提升乡村社会价值的手段。并且以艺术为保护、建设和恢复村落里自然系统和传统人文系统的连接，让人们从工业文明建设转向生态文明建设，重新认识和回归传统文化。在近年逐渐兴起的艺术乡建实践中，艺术对于乡村社会的价值越来越引起了人们的关注。（表1-2）

表 1-2 乡村 + 艺术的重要表现形式

	手工艺平台	艺术平台	旅游平台	生态农业平台	信息化平台
品牌	手工艺博物馆	艺术节/论坛	云南乡村	农耕生态博物馆	智能乡村
基础建设	工作室/作坊/体验中心/教育基地	工作室/公共空间/教育基地	酒店/客栈/餐厅/配套	农耕实验室/生态农业教育基地	本地服务器/灾备服务器/云端信息中心
运营项目	传承人工作室/设计师工作室/写生下乡/体验及培训	艺术家工作室/青年艺术家招募计划/艺术节/艺术论坛/艺术教育	生态体验/手工艺体验/艺术活动参与	实验室/生态农业种植/生态农业培训	信息化一提平台/支付一体化平台/智能旅游平台
产品	手工艺设计品/旅游产品	艺术品/艺术衍生品	住宿/餐饮/体验/购物	有机农产品/绿色食品	旅游应用/支付应用/APP应用
项目细分	手工纸/油纸伞/植物染/凸板印刷/竹编/藤编/皮影/陶艺/玉雕/核雕/火山石雕刻	传统书画/当代艺术/水墨纸本/版画/诗歌/影像/文学/音乐/本地洞经（音乐）/表演	民俗酒店/村落客栈/餐厅/茶室/旅游服务综合体	区域农产品	信息系统/旅游系统/管理系统/支付系统

以艺术改造乡村环境风貌成为乡村建设的风潮。设计师、建筑师、艺术家进入乡村，对村落环境进行艺术化改造，让乡村成为一种视觉符号，是艺术乡建的最初模式。乡土建筑是最能体现当地特色和历史传统的文化符号。对乡土建筑的修缮革新是用艺术改造乡村风貌的基础工程。一方面，修复老屋古宅、戏楼祠堂、牌楼街巷等村落民居与公共建筑，尽可能地恢复村落历史风貌；另一方面，通过建筑介入，引入新元素，营造新的艺术村落氛围。例如剑川沙溪古镇与建筑师黄印武合作保护与复兴乡村，建筑师结合当地自然环境和工艺特征，通

过常年的守护与逐步修复当地的生活方式，逐步引入"活态博物馆"等多功能的当代乡村建筑。在沙溪，先锋书局已经成为游客体验、村民交流的多元文化空间，提升了产业文化内涵。（图1-7）

图1-7 / 剑川沙溪先锋书局

艺术有助于提升乡村公共文化服务能力。公共文化服务发展滞后是乡村文化落后的重要原因，也造成了当代农民文化生活和审美趣味的枯乏。艺术的介入为乡村社会带来了全新的文化体验。艺术乡建者除了恢复村落的传统习俗和文化活动，还为乡村带来了多样的文化形式。如大理双廊古镇的双廊白族农民画社，创办者是来自上海的沈见华夫妇，他们带领当地白族老奶奶绘画，使农民画创作成为该村的独特风景，让村民参与艺术创作实践，借助大理的文化，让全世界的人都领略到中国农民画的魅力。这些老人创作的绘画不仅提高了收入，让艺术更加"接地气"，也让村民贴近艺术，提高了文化自信。艺术家以艺术教化民众的方式，通过文化观念和艺术行为，在喜闻乐见的形式中逐步启发当地村民，并挖掘村民潜在的艺术修养和文化素质。把艺术在潜移默化中推广给原住民。所以，文化教育是艺术家回归乡村首要的渠道和作用。（图1-8）

图1-8 / 大理双廊农民画社

以作品惠及村民的方式，用实际工作留下艺术作品，让其由艺术价值转化成经济价值，既形成村民的艺术作坊，又打造了属于大众的艺术空间，带动村民发展艺术产业的同时，还形成一个旅游名片，能让洱海边的年老村民觉得有自信、有尊严的同时，还能通过艺术手段来致富。

艺术乡建推进了乡村公共艺术教育。教育是乡村建设的重要内容，公共文化教育也是乡村文化建设的重要组成部分。艺术家将艺术教育作为乡建内容之一，实现艺术的公共教育职能。如大理喜洲古镇的稼穑集，在艺术家的建议和规划下，修复村落中的祠堂祖屋，将闲置废弃的村庙改造成为农耕博物馆，有效连接了来自城市的观众对传统农耕文化的学习，展示了围绕农耕的个人、集体、国家的共同命运。（图1-9）

图1-9 / 大理喜洲稼穑集农耕博物馆

同在喜洲的喜林苑，则通过艺术公共空间举办公益的艺术展览、演出；通过邀请艺术家入驻艺术基地，开展艺术助学活动，为当地村民尤其是孩子提供美术、音乐等艺术课程的义务教学服务。

艺术有助于促进乡村传统产业升级，提高农民收入水平，助力精准扶贫。我国乡村社会是以农业和传统手工业为主导的经济结构模式，传统农业经济的式微是乡村社会衰败的主要因素。随着艺术乡建的发展，艺术对于乡村经济发展的价值逐渐被发掘。乡村传统产业的复兴为当地带来了经济效益，如云南艺术学院设计学院驻大理鹤庆传统工艺工作站引入当代设计教育理念，举办多期非遗研陪班，邀请工艺大师进高校举办活动，也吸引了更多的年轻人回乡创业，有助于缓解村落"空心化"的衰败景象。（图1-10）

艺术有助于促进乡村文旅产业的发展。文旅产业是当前乡村振兴的重要产业。在传统村落旅游日益同质化的今天，艺术的介入为乡村旅游注入了活力。在世界遗产元阳梯田里的阿者科村、昆明滇池边的乌龙村，个性化的艺术村落景观、被赋予文化艺术内涵的特色产业、本土化设计的民宿等，都成为乡村旅游的新亮点。（图1-11）

图1-10 ／ 大理鹤庆传统工艺工作站

图1-11 ／ 昆明乌龙村

在云南普洱景迈山的翁基村，左靖团队挖掘乡村里最珍贵的、最值得保留的文化传统与习俗，通过摄影、摄像，分析当地民居，做建筑模型，用画线描图的形式将乡村文化的美尽可能地发掘和展现出来，然后通过展览，让村民们来参观他们自己的文化。这些展览就像是一面镜子，让村民们在镜子里看到了自己，让他们找到了自信。他们还将传统的建筑做了功能性的改造，外观和结构基本不改，但增加了房子的亮度和防水能力。另外，进行了新的使用区隔，让房子里有卫生间，有储存柜，有卧室和客厅等，改变了以往布朗族房子的内部空间没有区隔的传统。将改造好的建筑作为样板房在村里供村民们观看，让他们认识到改造过的建筑和水泥房子一样实用，但更美和更有特色，让村民们在提高自己生活质量时能多一种选择。当地的村民非常喜欢通过这些形象的绘画、照片和视频来认识自己。这是一种艺术介入乡村建设的模式之一，不是直接干预村民的生活，而是通过记录、发掘来保持传统，同时又启发新的灵感和创造力，从而建设更加美好的生活。（图1-12）

图1-12 / 景迈山翁基村村落博物馆

当然，我们要注意到的是艺术乡建不是对过去的怀旧，而是对未来的憧憬：第一，艺术乡建不能只是各自表述，而要在艺术乡建的各种看法中找出共识。第二，不是只迎合乡民的需求，而是帮助乡民扩展需求。艺术家会为乡村带来新的眼光和观念，注入新的活力。第三，艺术家要在艺术乡建中清楚自己的定位，乡村的建设不仅仅靠艺术，各个方面都有需要的可能。

当艺术走进乡村，不仅是艺术在村落中找到了更为广阔的创作和实践空间，同时，乡村也需要艺术的手段，在全社会语境中寻得一条诗意发展之路。（图1-13）

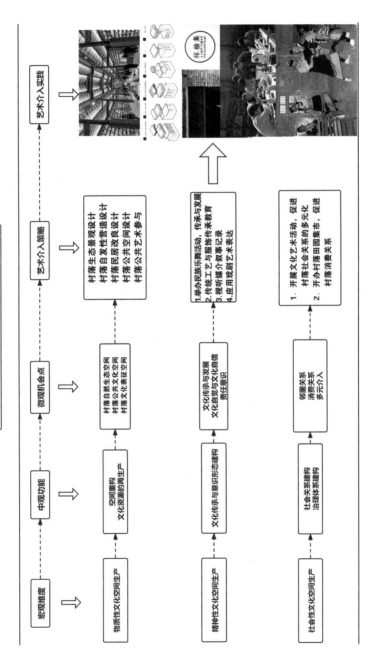

云南传统村落保护与发展的艺术介入策略与实践步骤

| 宏观维度 | ⇨ | 中观功能 | ⇨ | 微观机会点 | ⇨ | 艺术介入策略 | ⇨ | 艺术介入实践 |

物质性文化空间生产 → 空间重构
文化资源的再生产 → 村落自然生态空间
村落公共文化空间
村落文化表征空间 → 村落生态景观设计
村落自发性营造设计
村落民居改良设计
村落公共空间设计
村落公共艺术参与

精神性文化空间生产 → 文化传承与意识形态建构 → 文化传承与发展
文化自觉与文化自信
责任意识 → 1.举办民族乐舞活动，传承与发展
2.传统工艺与服饰修复与教育
3.视听媒介叙事记录
4.应用装置介事艺术表达

社会性文化空间生产 → 社会关系建构
治理体系建构 → 邻里关系
消费关系
多元介入 → 1. 开展文化艺术活动，促进
村落社会关系的多元化
2. 开办村落田园集市，促进
村落消费关系

图1-13 / 云南传统村落保护与发展的策略与实践步骤

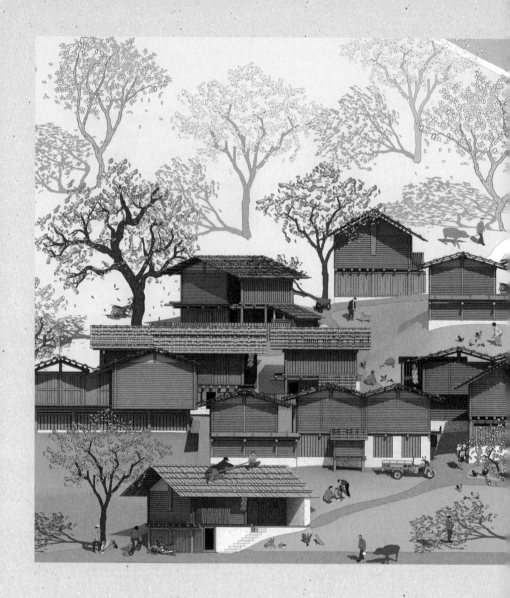

第二章

基于传统村落价值的内生性动力的理论与运用

本章尝试以民居为样本，借由"系统科学"中的相关原理来对传统村落的内生性动力进行探讨。其主要借由"家庭"或"家族"对于"外环境"所做出的反馈，并以其民居建造上的表达来作为研究对象，从传统民居到当代民居的演化关系入手，以小见大地来对"传统村落的保护与发展"及其相关研究提供参考。

一　传统村落的价值、意义和面临的问题

　　费孝通先生曾在《乡土中国》一书中提到了"差序格局"的概念，他将"差序格局"比喻为："好像把一块石头丢在水面上所发生的一圈圈推出去的波纹，每个人都是他社会影响所推出去的圈子的中心……"[1]在中国传统的乡村社会中，"己"是一种关系体，其不但包含了自己，也代表着自

1　费孝通：《乡土中国》，北京：人民出版社，2008年版，第25—34页。

己所在的社群和族群。因此，"家本位"是乡村社会自我认同的一个重要体现，也是维系传统村落的核心价值所在。

但"村落"并非是一个静态的事物，而是一直在发展变化，而维系其社会结构的关系也一直在演化。20世纪以来，因受到社会变革、现代化建设和市场经济等诸多因素的影响，如今乡村社会中的"差序格局"正在迅速瓦解。昆明理工大学的王冬教授在《族群、社群与乡村聚落营造》一书中，便深刻地从社会学层面诠释了这一过程："村落的生产与生活是建立在以血缘或地缘为基础的'族群'社会上的，而现代社会则越来越社区化和向'社群'转化……"王冬教授将其概括为"这是一个从'血缘'到'地缘'再到'业缘'的过程，是历史发展的必然过程"。

因此，要研究"传统村落的保护与发展"及其相关问题，就需要以一种动态的视野来观察其社会性的变化，并对其所产生的物态层面的内容进行探讨。而民居则是最为合适的样本：

（1）民居是"村落"中的最小组成单位，同时也是"家本位"的载体。因此，"民居"的演化状态能够最为直观地反映"村落"的发展动态。

（2）民居是"村落"的重要组成要素。"村落"的物态景象实则是由民居与其周边环境相互作用的结果。

（3）从系统的角度来看，"村落"的发展与演化实则是村落中的各个家庭基于对外环境的反馈所做出的选择，并在经历了复杂的竞争与协同之后，所形成的整体层面的涌现。而村落中的各个家庭基于对外环境的反馈，首先进行表达的便是民居。

所以，本文将通过解析环境影响与民居演化之间的联系，对当下的"设计介入乡村"等命题进行探讨，来对"传统村落的保护与发展"等相关研究提供参考。

图2-1 / 由"传统民居"与"外环境"所构成的"传统村落"

二 "设计介入"和传统村落保护与发展之间的关系

"介入"（Intervene）一词，实则来源于医学中的"介入治疗"（Interventional treatment）。与传统医疗方案的不同之处在于，"介入治疗"并不主张通过大范围的开放性手术来对病灶及其周边病变组织进行清除，而是提倡"微创"（Minimally invasive operation）。其中有一个实施细节颇值得借鉴，即遵循"系统"原有的路径抵达病灶，从而进行创伤较小的治疗。[1]

从对"介入"的定义和诠释来看，可以明确两点：

（1）"介入"是一种"外部干预"（External intervention）。

---

1 "介入治疗"中的"血管内介入"，即"经人体原有的管道"来对病灶进行治疗，其创伤较小。此处将"人体"与"系统"、"管道"与"路径"进行了类比。

（2）"介入"对于"原系统"的破坏性较小。

运用"系统科学"（System Theory）中的相关概念，可以将"设计介入"的本质诠释为：

（1）城市、村落等系统和人体一样，都是具备"生物学特征"（Biologicalproperty）的系统，其具有"自组织"属性（Self-organization），即无须外界特定指令而能自行组织、自行创生、自行演化，能够自主地从无序走向有序，形成有结构的系统。

（2）对于一个"自组织"系统而言，"外部干预"实则是一种"外界环境"对于系统内部的"信息"与"能量"输入。由于"输入"的程度不同，以及原系统对于"输入"所做出的"适应性调整"的程度也不同，其最终的变化结果可能存在三种：一是"原系统维持不变"；二是"致使原系统崩溃"；三是"引导原系统演化为新的稳定系统"。

而本研究所提倡的"设计介入"，其目的实则是希望通过恰当的信息与能量输入，来引导原系统演化为新的稳定系统。[1]这与"传统村落保护与发展"的初衷是吻合的。

既然如此，那怎样的"设计介入"才能引导传统村落的良性发展呢？本研究将首先对民居发展的内生动力进行探讨，以此来寻找问题的根源所在。

1　"自组织理论"（Self-organization）作为"复杂适应系统理论"（Complex Adaptive System）的分支于1960年代后逐渐兴起，首先在自然科学领域得到认识，后也被用于研究社会科学领域的普遍规律。湖南大学的卢建松教授在其博士论文《自发性建造视野下建筑的地域性》中，根据保罗·西利亚斯（Paul Cilliers）在其著作《复杂性与后现代主义——理解复杂系统》中的总结，详细地阐述了"自发性建造"的"自组织属性"。本研究将沿用这套解释方法。

三 环境影响与民居的演化

美国学者阿摩斯·拉普卜特（Amos Rapoport）在其经典著作《宅形与文化》[1]一书中列举了三种与民居形态息息相关的因素，即社会文化因素（Socio-cultural factors）、气候限定因素（Climatic limiting factors）和技术限定因素（Technical limiting factors）。阿摩斯·拉普卜特反对单一要素的"决定论"（Determinism），将民居形态的产生和演化归结为一系列"环境影响"（输入），以及"人居建造行为"（系统）对此做出的"应答"（Response）。本研究将借鉴这种观点来对云南的民居演化进行诠释。

1. 自然环境的影响

印度建筑师查理斯·科里亚（Charles Correa）非常重视"气候"对"建筑形式"的影响，甚至提出了"形式遵循气候"的观点。云南省的气候类型非常丰富[2]，而云南各地传统民居的形式多样性也与此有着紧密的联系。

首先以土掌房为例。（图2-2）土掌房大多修建于降水量较少的山区。昆明理工大学的蒋高宸教授在其著作《云南民族住屋文化》中曾对土掌房所在地区的气候环境进行过研究："在元江地区，年平均气温在20℃以上，年降水量最低为611.1毫米"；"在德钦地区，年平均气温仅在4.7℃，年降水量仅为661.7毫米"。由此可见，无论是"干热"地区，还是"干冷"地区，对于热工性能的考量，都将影响民居的建

---

1 〔美〕阿摩斯·拉普卜特：《宅形与文化》，北京：中国建筑工业出版社，2007年版。

2 云南有北热带、南亚热带、中亚热带、北亚热带、南温带、中温带和高原气候区等7个气候类型。

造。蒋高宸教授对其有如下的描述："四面围护的墙体为夯土墙或土坯墙，其厚度在40—50厘米之间，屋顶为土平顶。…… 墙上一般不开窗，或只开少量的小窗。…… 厚厚的土墙和土平顶均有较好的隔热性能。不开窗则大大降低了热辐射量，故使室内冬暖夏凉。…… 当地降雨量不大是土平顶得以利用的前提条件。"值得注意的是，和元江县毗邻的元阳县，由于其年降雨量增加，可达到1400毫米左右，因此出现了"四面坡茅草顶"的"蘑菇房"。蒋高宸教授认为："'蘑菇房'乃是南迁的哈尼族把土掌房移植到多雨地区而产生的变异形式。"[1]

图2-2　/　土掌房的剖面示意图

　　另一个案例是干栏式建筑。（图2-3）干栏式建筑大多修建于降水量较大，且有周期性积水的"湿热"地区，譬如西双版纳的景洪地区，其"年平均气温为21.7℃，年降水量为1207.9毫米"。针对这样的气候环境，防潮、遮阳、通风便成为民居建造的主要目标："干栏式建

1　蒋高宸：《云南民族住屋文化》，昆明：云南大学出版社，1997年版。

筑的底层架空有利于通风。深出檐、双重檐具有遮阳作用。"[1]

　　上述研究仅将"气候"中的一部分因素作为参考，来描述"自然环境"对于"民居建造"的影响，但由此呈现出的结果却是显而易见的，人居行为对于自然环境的影响会做出迅速的应答，而这种应答则会在民居的形式上表现出来。

图2-3　/　干栏式建筑的剖面示意图

2. 技术因素的影响

　　建筑技术其实也是人居行为对自然环境做出的应答，是一种对经验的总结和对原理的探索。作为一种经验和方法论，建筑技术的演化与发展既可能是原生性（Generative）的，也可能是通过地域之间的文化交流而得以促进的。昆明理工大学的杨大禹教授在《云南民居》一书中，

1　蒋高宸：《云南民族住屋文化》，昆明：云南大学出版社，1997年版。

便对云南本土的传统民居类型进行了溯源，并将其主要归结为两类。

首先是外向型开放式竹木构架体系，其包括干栏式建筑和井干式建筑两类。这一体系的建筑"其平面布局较为灵活，不强调对称或围绕中心布置，完全呈现出一种与农耕经济相适应的外向型居住空间模式"。杨大禹教授认为：干栏式建筑是由"树居和巢居演变而来的"；井干式建筑是由"穴居发展而来的"。其中，在论述"穴居"与"井干式建筑"之间的演化关系时，有这样的表述："各种树木纵横叠垒的围护是经常采用的方式……把洞穴前面单排的木制隔栅墙体，以同样的形式和方法移至平地而建，四面围合，于是便形成了方形空间格局的板屋。"

其次是内向型封闭式土木构架体系，包括木骨泥墙房、邛笼石碉房、土墙板房三类。此类建筑依然是在天然洞穴或人工洞穴的基础上发展而来的（图2-4）。

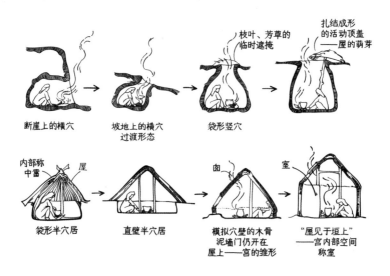

图2-4 / 由"穴居"向"内向型封闭式土木构架体系"的演化示意图

纵观上述建筑类型的发展，可以看到：无论是哪种体系的民居建筑，其演化的本质都可以总结为对居住环境的改良、对空间尺度的扩充、对建筑稳固性的加强。而在此过程中，建筑技术则扮演了关键的角色。

以干栏式建筑为例。在早期的民居建造中，捆绑是连接梁、柱、檩条、椽子等构件的主要技术手段。但捆绑技术的局限性在于，其只能作用于相对细小的木构件，因此其自身的稳定性和抵抗荷重和风载的能力较弱，这就需要更多的附属支撑物来维持其稳定性，于是出现了类似于千脚落地屋一类的原始建筑形式。但随着榫卯技术的流传和运用，大尺寸的木构件得以稳定地连接，大面积的屋顶得以支撑，于是更为先进的建筑形式便出现了。

3. 文化因素的影响

大多数情况下，自然环境和技术因素与传统民居的建造之间都有着一种线性的因果关系。但文化因素则更为复杂。同一模式的建造方法在不同文化因素的影响下，所呈现出的建筑形式是不同的。

以合院式民居为例。作为汉族文化的代表性民居形式，合院式民居在建筑模式上颇具优势，因而得以随着人口迁徙广为传播。在云南境内，最具特色的合院式民居主要集中在昆明、石屏、建水、大理、丽江等地区。虽然其院落布局和建筑构造均遵循着相同的建筑模式，但由于各地的文化差异，以至于所呈现出来的结果是丰富多彩的。这种差异性主要体现在建筑装饰上，而这也是最为直观的。

四　争议：当代民居的困局

随着社会经济的发展，我国的乡村民居在1985年和1995年前后曾出现过两次建房的热潮。[1]而在1985年之前的民居则基本延续了传统的建造方式，主要以地方物产、本土植物、农副产品为建筑材料，对于自然环境的应答非常明显。按照修建时间和建筑形式来界定，这便是传统民居。

1985年左右，随着改革开放及生产责任制的实施，乡村经济的长足发展引发了第一次建房热潮。此时的民居建造多为单层，建筑材料以砖木为主，但在布局、尺度和形式上依然与传统民居相仿。但在1995年左右出现的第二次建房热潮中，新建民居则开始以多层为主，建筑材料多为砖混，且相较于传统民居而言，其布局、尺度和形式也发生了明显的变化。这就是当代民居的源起。

就本质而言，当代民居和传统民居一样，是一种自发性建造[2]（Spotaneous Building）的结果。它们由传统民居演化而来，但又受到现代文明的影响，从而导致了传统建造方式的失语，以至于乡村的传统风貌逐渐消失。如今，当代民居是充满争议的。批评者认为它们是"缺乏有效的宏观调控和引导的自发性民居建设，大多是注重短期效益、盲目模仿城镇建筑模式，产生大量无序混乱、品质低下的民居形

1　相关信息来源于中国国家统计局数据《当年新建农村人均住房结构面积（1980—2007）》，由湖南大学的卢建松教授在其博士论文《自发性建造视野下建筑的地域性》中进行整理，并得出相关的结论。

2　1964年，伯纳德鲁·道夫斯基（Bernard. Rudofsky）在其著作《没有建筑师的建筑：简明非正统建筑导论》中指出了乡土建筑具有"地方性"和"自发性"。因此，"自发性建造"便沿用了这个表述。

态"。[1] 而较为中肯的态度则并未就当代民居本身的优劣做出评判，而是从自发性建造的研究角度出发，认为"自发性是促使地域共性形成的根本动力，是探讨建筑地域性生成机制的关键"。

1. 当代民居的基本特征

（1）建筑的主体结构。当代民居的主体结构主要有砖混结构和钢筋混凝土结构两类，部分案例中的加建也会采用简易的钢结构。结构体系的选用直接带来的影响便是建筑层高的改变。在传统民居中，建筑层数多为1层，少量为2层。而在当代民居中：若是选用砖混结构，其建筑层数多为2—3层；若是选用钢筋混凝土结构，其建筑层数多为3—4层；若是有加建，其建筑层数则可达到5层以上；若是在一些城乡交界的地区，特殊案例中的建筑层数甚至可以达到6—8层以上。而建筑层高的改变，将直接影响建筑尺度。人对于尺度的感受，往往是以人体自身的生物学属性为基础的。1—3层左右属于"宜人尺度"，但4层以上则会逐渐令人感到不适，而5层以上则属于"超人尺度"了，会带给人压迫感。

（2）建筑的主要材料。当代民居的建筑材料主要有水泥、钢筋、混凝土、玻璃、塑钢、铝合金、石棉瓦、瓷砖等。无一例外，都是工业化产品。而传统民居所用的建筑材料主要为石、木、土、陶等，大都是天然材料。此外，现代建筑材料的加工是基于产量和效率来进行的，传统建筑材料的加工却强调手艺。

从以上两个方面来看，不难发现，其实当代民居的底层逻辑和传

1　吴志宏：《没有建筑师的建筑"设计"：民居形态演化自生机制及可控性研究》，《建筑学报》，2015(S1):124。

统民居完全不同。前者是手工业文明的产物，而后者则是工业文明的产物。具体的分析如下：

首先，是关于技术迭代的问题。钢筋混凝土结构的稳定性强且布局相对灵活，这些优势都是传统的土木结构所无法比拟的。它们不仅能突破高度的限制，开窗的自由度也更为灵活。此外，由坡屋顶向平屋顶的转变、院落天井的消失等，表面上看是形式的变化，但其核心因素还是和技术迭代相关。换言之，因为技术迭代，许多在过去需要由建筑被动式适应环境所衍生出来的建筑形式，却由于如今的建造技术能够主动式地予以解决，因而便逐渐消失了。

其次，是关于经济性的问题。在经济学中有一个概念叫作资源匹配，其描述了一种事物的流行是和当时社会上的各种资源相互链接、相互契合、相互作用的结果。[1] 如今建筑工业的蓬勃发展，机械化的大规模使用，致使建筑材料在产量、性能、效率等方面都得以显著提高，再加之如今运输网络的高度发展，使得建筑材料的单位性价比大幅度提高。而这对于当代民居的成本控制而言，无疑是利好的。

最后，是关于设计的问题。可以明确的是，当代民居归属于现代主义设计的范畴。在建筑学的定义中，"现代主义建筑"主张："摆脱传统建筑形式的束缚，创作适用于工业化社会条件的建筑"。柯布西耶（Le Corbusie）于1926年提出了"现代建筑五要素"，即自由平面、自由立面、水平长窗、底层架空柱和屋顶花园。虽然从表象上看，"现代建筑五要素"是用于定义建筑形式的，但实质上，其运用却是需要经由钢筋混凝土结构才能推广和普及的。技术是设计的基础。因

1　此处表述是基于美国经济学家马克·莱文森（Marc Levinson）所著的《集装箱改变世界》一书中的相关经济学概念所进行的总结。

此，当代民居的风貌实则也蕴含了现代主义建筑的基因。

2. "审美之辩"与当前的改造策略

为什么传统民居的风貌更能够得到审美的肯定，而当代民居的风貌则饱受争议呢？通读中国建筑的历史，我们发现：从奴隶制社会晚期开始，以木构架和坡屋顶为代表的传统建筑形式便已经出现，且经历了数千年的发展，逐渐成为我国传统建筑形式中的经典，根深蒂固。反观如今的当代民居，其本质上是西方工业文明的产物，是一种舶来品，缺乏文化根基。

就近20年的状况来看：随着"社会主义新农村建设"（2005）、"乡村振兴战略"（2017）等政策的推行，全国各地也陆续开展了村庄改造、整治与保护等相关工作，并相继进行了《村庄整治规划》（2013）、《传统村落保护与发展规划》（2014）、《美丽乡村规划》（2015）等一系列规划文本的编制。而针对于上述问题，当前盛行的改造策略如下：

（1）用传统元素对当代民居进行装饰。这一类策略一般会以特定地区的传统建筑风貌为依据，将其中的建筑元素分门别类地进行梳理，并制定出相应的导则来，以便于指导当代民居的设计或改造。此类策略的初衷，是希望将传统元素叠加于当代民居的外立面，以此来回归传统村落的风貌。这对于建筑层数在3层以下的当代民居有一定的成效（图2-5），但如果对层数更多、层高更高的民居也如此改造，其尺度和比例便将失衡。

（2）新建典型样板，以此来教化当代民居的建造。这一类策略富含设计师的主观表达，其通常会在村落中的新建建筑中体现。例如公共建筑中的乡村书局、村史馆、文化传习馆、村民活动中心、旅游接

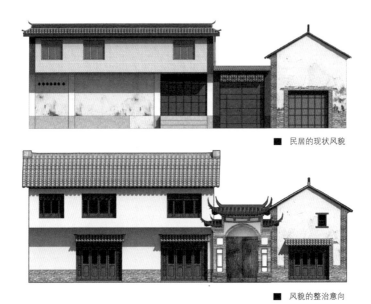

■ 民居的现状风貌

■ 风貌的整治意向

图2-5 / 民居风貌的提升改造案例

待中心以及新民居等均属于此类。通常而言，此类策略会将传统元素与现代设计相结合，寄希望于通过为乡村注入优质的"源设计"，来引导当代民居的建筑审美。

上述两种策略的目标，都是希望乡村能够在风貌上回归传统。对于此举，本研究的思考如下：

首先，当代民居由传统民居演化而来，同属于自发性建造，具备自组织属性，即并不需要外界特定的指令，便能够自发地从无序演化为有序。但就第一类策略而言，实则是一种被组织（Organized），即不能自发完成，而需要借助外界能量来驱动。通过"被组织"，来强行表达和塑造某种地域性的风貌，这种做法无法自洽，极不稳定。

其次，传统民居的风貌特征是和土木结构的结构逻辑息息相关的。同理，当代民居的风貌特征是和砖混结构或钢筋混凝土结构的结构逻辑息息相关的。"结构逻辑对建筑形式的产生有着非常重要，甚至是决定性的作用。"因此，当传统民居的风貌特征被简单复制到当代民居上时，其结构逻辑必然会产生矛盾，从而会造成尺度和形式上的失衡（图2-6）。

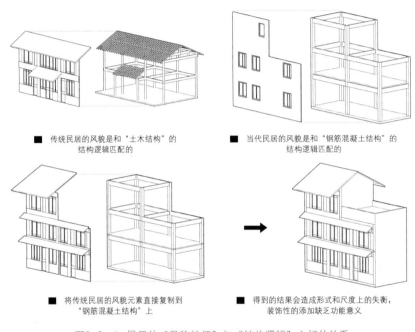

■　传统民居的风貌是和"土木结构"的
　　结构逻辑匹配的

■　当代民居的风貌是和"钢筋混凝土结构"的
　　结构逻辑匹配的

■　将传统民居的风貌元素直接复制到
　　"钢筋混凝土结构"上

■　得到的结果会造成形式和尺度上的失衡，
　　装饰性的添加缺乏功能意义

图2-6　/　民居的"风貌特征"与"结构逻辑"之间的关系

再者，第二类策略带有理想主义的色彩。其能否成功地影响当代民居的建造，主要在于整个过程中是否存在"正反馈"（positive feedback）。而就目前已实施的情况来看，虽然大多数案例并未引起波澜，但有一些案例还是具备了这种潜质：譬如，四川省巴中市的金台村灾后重建项目。金台村的案例从形式上摒弃了对传统民居风貌的执念，并且也没有完全照搬城市中别墅和洋房的模式，而是真实地以乡村中自发性演化出来的当代民居为样本，来进行优化和改良。在此过程中，设计师对于乡村的现实表达了最大的尊重。

五　当代民居的演化——以白甸村为例

白甸村位于云南省昆明市西南方向的县级市安宁，是一个城市近郊的农耕村落，主要经济作物是莲藕。其占地面积仅为1.34平方公里，农户31户，人口104人，规模较小。[1] 在过去，白甸村里的传统民居是滇中地区典型的"一颗印"民居[2]。但如今，村落里的传统民居几乎消失殆尽，取而代之的多为修建于1998年至2005年之间的当代民居。研究团队在对全村的民居建筑进行完普查之后，着重选择了其中的3处样本进行详细的访谈和测绘（图2-7）。

图2-7　/　白甸村航拍图及3处样本的具体位置

1　相关信息来源于"云南数字乡村网"（www.ynszxc.gov.cn）。

2　滇中地区的传统合院式民居，它由正房、厢房和入口门墙围合成正方如印的外观，俗称为"一颗印"。

1. 基因和记忆

保罗·西利亚斯（Paul Cilliers）在其著作《复杂性与后现代主义——理解复杂系统》中，对"自组织系统"的属性进行了阐述，其中提到："自组织系统的复杂性能够增长。由于它们必须从经验中'学习'，它们必须'记忆'先前遭遇过的情形并将之与新的情形进行比较。"此外，从遗传学的角度来看："生命是通过基因的复制和突变，并由自然选择而进化的系统。"因此，研究"自发性建造"中那些与基因和记忆相关的内容，有助于解释民居的演化。

首先，就布局来看，白甸村中的3处样本虽然在院落的形式、朝向、尺度上都不相同，却都包含着一个共性的"基因"，那就是"三开间"。三开间原本是传统合院式民居中正房的基本形式，由居中的堂屋和左右两侧的耳房共同构成。虽然在当代民居中，不再沿用堂屋和耳房的称谓，取而代之的是客厅和卧室，并且在室内布置上也和传统形式不太一样，更加接近于城市住宅，但不可否认的是它们在形式与功能上都拥有相似的特征。我们可以将其解释为：在白甸村这片土地上，传统民居的基因在布局上的具体表征之一便是这种三开间的空间原型，它们早已扎根于本地的人居文化之中。因此，当代民居中的三开间其实就是对传统民居中正房的记忆（图2-8）。

图2-8 ／ 当代民居对传统民居中"正房"的"记忆"

另一个例子，是屋顶女儿墙外侧装饰性的小披檐。"一颗印"传统民居中的屋顶都是坡屋顶，这是因为"中国古建筑中屋顶大多遵循排水为主、防水为辅的原则。排水主要采用科学的屋顶坡面和合理的屋面材料"。[1]《考工记》中就有对坡屋顶排水的描述："上尊而宇卑，则吐水疾而溜远。"因此，形式随从功能，[2]传统民居中的坡屋顶形式与屋面排水的功能需求是密不可分的。但就白甸村的样本而言，屋顶形式都是平屋顶，排水方式均采用雨落管进行有组织外排水。如此一来，坡屋顶的形式在这些当代民居中便失去了功能意义。可尽管如此，在白甸村中，大量的当代民居还是在屋顶女儿墙的外侧加建了装饰性的小披檐，来模拟传统民居中坡屋顶的意向，这也是一种"记忆"（图2-9）。

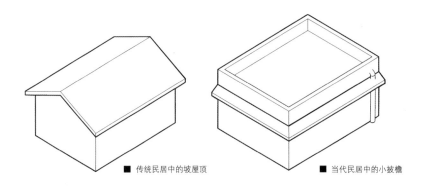

■ 传统民居中的坡屋顶　　　　　　　　　　　■ 当代民居中的小披檐

图2-9　/　当代民居中的小披檐对坡屋顶的"记忆"

　　还有一个例子是大门。"一颗印"传统民居中的大门，一般是屋

1　陈全荣，李洁：《中国传统民居坡屋顶气候适应性研究》，《华中建筑》，2013（4），140页。

2　"形式随从功能"（Form from Function）由路易斯·沙利文（Louis Sulivan）提出。

宇式大门，其主要特点为以门造屋，并在"倒座"的位置上来开启大门。若是没有"倒座"，便以墙垣式大门来替代。此外，在立面形式上，通常有"垂花式"和"吊挂楣子式"两种做法。但无论是哪一种形式的大门，都有一个共同的特点，即大门两侧"埋头墙"之上的"盘头"先是用砖或石块层层出檐，而后再与大门的屋檐有构造连接。这种做法和斗拱的作用类似，都是通过竖向支撑构件在水平方向上的外延，来增加屋檐的出挑。这是旧时在建筑材料和建筑技术有限的前提下，传统的建造方式所体现出来的智慧。但就白甸村的样本来看，如今的大门都是用砖混结构搭建，其屋顶上的混凝土板自身便能够解决屋檐出挑的问题，就功能而言，便不再需要传统的"盘头"了。可是在3号样本中，大门两侧门柱的顶端处依然刻意用砖层层出檐，而后再与屋顶上的混凝板进行搭接。这种看似多此一举的做法，实则也表达了当代民居在建造细节上对于传统民居的"记忆"（图2-10）。

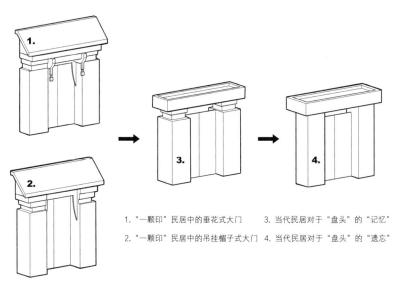

1. "一颗印"民居中的垂花式大门　　3. 当代民居对于"盘头"的"记忆"
2. "一颗印"民居中的吊挂楣子式大门　4. 当代民居对于"盘头"的"遗忘"

图2-10　/　当代民居对于传统大门中盘头的"记忆"与"遗忘"

2. 环境影响与遗忘

与记忆共存的另一个特征便是"遗忘"，而环境影响（Environmental impact）则是导致其变化的一个重要因素。保罗·西里亚斯将这一特征总结为："复杂系统必须应付变化的环境"，系统"必须在必要的时候能够适应性改变其结构"。[1] 因此我们可以理解为，由于环境影响，"自发性建造"必须调整决策来对变化做出应答，在此过程中，那些无法适应环境变化的建造技术和方法逐渐消退，为新的建造技术和方法留出了空间。这种"遗忘"的特征在白甸村的当代民居中表现得尤为明显。

环境影响既包括自然环境，也包括社会环境。其中，技术因素（Technological Forces）的影响对于民居形态的改变尤为明显。奥古斯特·舒瓦齐（Frangois Auguste Choisy）曾说过："建筑的本质是建造，所有风格的变化仅仅是技术发展合乎逻辑的结果。"（1899）通过对白甸村中3处样本进行深入调研（表2-1），我们发现技术迭代（Technology iteration）是引发遗忘的关键。下面将以1号样本为例，来阐述其过程。

表2-1 白甸村中3处民居样本的当前现状和改建信息

编 号	当前现状	改建时间	改建内容	材 料
1号样本	楼房1幢（钢筋混凝土） 平房3幢（砖混）	2011年	拆除了2幢平房，并在原址上新建了1幢楼房	钢筋混凝土、铝合金、瓷砖
2号样本	楼房1幢 （钢筋混凝土） 平房2幢（砖混）	2007年	在原有主体平房的基础上，加盖了1层楼房	钢筋混凝土、铝合金、瓷砖

---

1 〔南非〕保罗·西里亚斯：《复杂性与后现代主义：理解复杂系统》，曾国屏译，上海：上海科技教育出版社，2007年版，第127页。

续表

编 号	当前现状	改建时间	改建内容	材 料
3号样本	楼房1幢 （钢筋混凝土） 平房1幢（砖混） 棚子1个（钢结构）	2015年	拆除了2幢平房，并在原址上新建了1幢楼房。对原有菜地进行平整和硬化，搭建成棚子	钢筋混凝土、铝合金、瓷砖、钢架、空心砖

1号样本第一次大规模对民居进行重建的时间是1992年，其主要内容为：

（1）拆除宅基地上全部的老旧传统民居（土木结构）；

（2）大致参照原有传统民居的布局，新建了5幢坡屋顶的平房（砖混结构）（图2-11）。

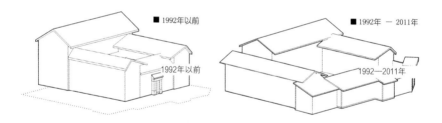

图2-11 / 1号民居样本从"土木结构"到"砖混结构"的演化

1号样本第二次对民居进行局部改建的时间是2011年，其改建内容为：

（1）拆除了1992年修建的2幢坡屋顶的平房（砖混结构）；

（2）新建了一幢"L"形的楼房（钢筋混凝土，主体2层，局部3层）（图2-12）。

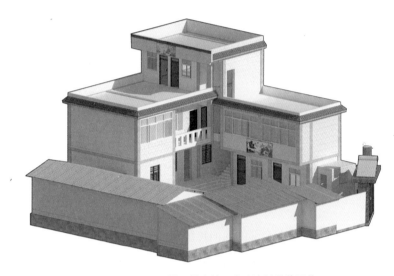

图2-12 / 1号民居样本第二次改造以后的风貌

从土木结构到砖混结构，再到钢筋混凝土结构，1号样本在建筑主体结构上的技术迭代与我国建筑工业化的发展是密不可分的。不仅如此，铝合金门窗、水泥栏杆、外墙瓷砖等现代工业产品也在此过程中得到了运用。这样一来，相较于1992年以前的传统民居而言，2011年以后的当代民居在布局、尺度和形式上都发生了明显变化。

3. 推演和假设：当代民居演化趋势的一种可能

从自组织理论的角度来看，当代民居的自发性建造并不完美，那是由于其停留在一个相对较低的稳定态上；但只要其保持开放，并不断地与外界有物质、能量和信息的交换，就有可能经由成核、成序、涨落，并最终"使得系统向较高的稳定态跃迁"。下面将以白甸村的2号样本为例，来进行推演和假设。

白甸村是一个城市近郊的农耕村落，村民普遍种植的经济作物是莲藕，因此"莲文化"成为它与城市之间的物质、能量和信息交换的媒介。以2019年为例，在"安宁市2019年乡村振兴重点项目"名单中，就包括藕相博物馆的建设；2019年8月，安宁市金方街道在白甸村启动了艺术家入村创作活动；2019年9月，"安宁金方丰收节"也在白甸村举行。

由此可见，政策扶持和社会环境对白甸村的影响是非常明显的。2号样本中的住户在接受研究团队采访时，明确表示"将来希望将自家的民居院落改造成为餐厅和民宿"。如果这一想法落实到建筑平面上，对于"三开间"的"记忆"应该还是会得到保留，但从居住业态到经营业态的转变，则势必会在其他空间和布局上加速对传统民居的"遗忘"（图2-13）。

（2）2号样本中的主体建筑是一幢修建于2007年的2层楼房（钢筋混凝土结构），其屋顶女儿墙外侧有装饰性的小披檐，外墙贴瓷砖，1层为

图2-13 / 2号民居样本的建筑平面在演化中的"记忆"与"遗忘"

铁艺门窗，2层为铝合金门窗。当前的建筑风貌对于传统民居的"记忆"较少，"遗忘"更多。随着白甸村和城市之间的物质、能量和信息交换加剧，这种"遗忘"势必会更加明显。我们可以从钢筋混凝土结构与现代主义建筑之间的羁绊来推演其演化趋势，两者之间有着必然的联系：

> 到20世纪20年代，建筑师已经相信钢筋混凝土的能力无比强大……钢筋混凝土建筑的结构和形式都与传统建筑完全不同，这一全新的建筑材料和建筑结构带来了一种全新的建筑。

于是，我们提出了一种假设：2号样本中的主体建筑会继续向着现代主义建筑的方向演化，例如，吻合工业文明的特征、逐渐褪去传统建筑的束缚、突出几何特征等。如此一来，屋顶女儿墙外侧装饰性的小披檐将被"遗忘"，落地玻璃窗和凸窗的使用，以及简约的外墙风格，将更加凸显建筑的几何性（图2-14、图2-15）。

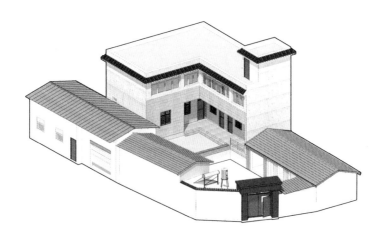

图2-14 / 2号民居样本的现状风貌

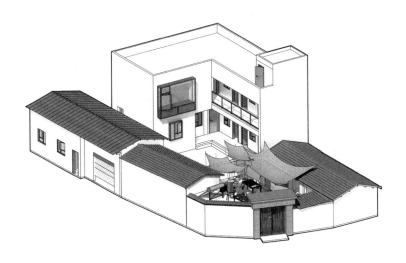

图2-15　/　2号民居样本的演化假设

六　小结

　　传统村落的核心价值在于"家本位"的体现，但家庭或家族这一乡村社会构成的基本单位随着时代的发展，其具体表征却并非是一成不变的。而这种变化的直接反馈便在于从传统民居到当代民居的演化。研究传统民居与当代民居之间的演化关系，并对当下的种种设计策略进行反思，并非是在认可其当前的形态，而是想客观地了解其内生动力。因为设计介入不应该是一种主观的"他组织"行为，而是应该作为一种"平权"的信息输入，来为乡村建筑的自适应性演化提供参考。而设计介入的最终目的，则是在尊重自发性建造的前提下，制定出相应的有效策略，来帮助其完成从较低的稳定态向较高的稳定态跃迁，从而真正推动地区建筑的良性发展。这种动态的、具备科学发展观的视野，对于传统村落保护与发展研究而言，才是客观和理性的。

第三章

云南少数民族人文居住空间
传统营造技艺研究与改良实践

当下社会发展进程中所日益显现出的多元、交互、一体等演进趋势，使得即便是身处云南这样作为传统认知观念中的边地环境，此刻我们也不得不再一次去重新认真审视那些既往在对人文居住空间环境加以营造的过程中所采用的态度、原则与方法。进而结合对其技艺源流的体系传承与改良发展加以厘清的过程，去探究那些蕴藏其中的技术表达形态与生存营造智慧，从而尝试总结得出在彩云之南这片神奇的土地上，有关民族人文居住空间传统营造技艺运用中的底层逻辑。并在结合对典型案例加以具体剖析的基础上，提出"物—人—情"间的三位一体关系作为推动云南少数民族人文居住空间传统营造技艺不断进行改良与革新的内驱要素，其对于当下相关实践活动具有重要的意义和价值。

一 传统营造技艺研究概述

1. 缘起

在中国悠久的历史文化发展进程中，对于人文居住空间环境的营造历来都是社会生产生活中的重要组成部分，而对其中相应的营造技艺的分析、研究、总结和改良，也一直都是社会所关注的热点话题。特别是在当下中央号召振兴乡村的宏观历史背景中，针对那些营造活动中传统工艺特征与时代更新变革的关系研究则更加具有重要的理论和实践双重价值。但是，需要指出的是，在当下不少地区所开展的环境与空间营造活动中，过分注重物质层面与视觉效果的建设使得不少的传统营造技艺正在面临有选择性地被遗忘的窘境。在此进程中，各种外来的材料、工具、技术也正在潜移默化对各种传统技艺的使用与传承产生着消解、置换与替代效果。伴随这些改变，人们常常在享受时代发展所带来的种种便利之际，有时却又会不由得惊呼与追忆那份存于记忆中的弥足珍贵的乡情。在面对上述种种时代变迁之际，如何发掘继承并发扬那些来自传统的本土价值观念以及蕴含其间的风土人文精神，从而使得社会大众真正能够由此建立起文化自信与民族自信，在掌握当代新工艺、新材料、新技术运用基本法则的基础上，将对营造场地精神与本土材料运用的敬畏与尊重结合起来，通过对材料加以合宜改良，对技术进行升级复现，从而使得当下所营造的人文居住空间在能满足人们物质层面生产生活需求的基础上，进一步成为其心灵归宿与精神家园。这对于传承我国优秀历史文化、促进当前建设健康发展，在新时代条件下发掘传统营造智慧，回归环境空间营造的人文关怀终极指向，都具有重要的意义和价值。

然而需要指出的是，当下借助互联网与大数据等媒介手段，现代信息传播与技术扩张已经在全球范围内快速兴起，在面对这种变革时，事实证明所谓一厢情愿固守传统营造技艺体系中旧有的闭环式的传承与运用已然既不可能又不理智。现而今，与其对时代的变革要求加以消极的回避或者抵抗，毋宁去采用更为开放与兼容的姿态来积极拥抱这其中的变革与发展，而这也为当下作为人居环境创造者的各种设计人员提供了难得的机遇与挑战，从中将对传统技艺的本源探究、人居智慧的物化表达以及对求真求美的生活需求通过种种营造活动加以呈现与表达，这些相应对空间营造技艺研究与改良的实践因此也成为探寻诗意栖居、营建美丽家园过程中一系列弥足珍贵的样本和源泉。

2. 研究概述

由于人文居住空间所同时具有的物理属性、心理属性、社会属性等多重特征，有关对其营造与改良的分析、研究和总结从来就是一个多学科、多专业、多领域互有交织的领域。艺术学、建筑学、人类学、社会学、工程学、材料学等学科领域的专家学者也多基于自身学科相应领域中的具体问题加以研究和分析，而在此过程中，作为具有鲜明地域特征与丰富民族构成的云南，自然成为诸多研究者所关注的热点地区，在对云南少数民族人文居住空间传统营造技艺加以研究与改良的著述目前大致可以分为以下几种源流。

第一类是，以对具体某一地区或某一民族营造技艺的调查梳理为主线，侧重其中对于传统做法与工艺的整理与发掘，并以此突出相关内容的资料价值。例如宾慧中的《中国传统白族民居营造技艺》（同济大学出版社，2011年版），以及邹洲的《云南少数民族人文居住空间传统营造技艺特色研究》（民族出版社，2021年版）等书籍，就是相关作者在深入当地营造全过程的基础上，将当地匠师所口头传承的营造经验、技巧、动态加以详尽描述，并且通过对其中营造的核心技术及工艺的记录，总结出对其加以拯救性发掘的成果。

第二类，诸如柏文峰在其《云南民居结构更新与天然建材可持续利用》论文中所完成的论述。这一类型的研究将关注焦点集中于如何在云南特色民居空间的当代更新过程中使用新结构、新材料与新技术，并将其在与传统形态和工艺相结合的基础上实现风格样式与使用需求的在地化传承，并由此实现相应传统营造技艺的改良、应用和推广。

第三类则是从人文居住空间中的场所感与氛围感等内容的营造出发，通过运用文化学、人类学、社会学等各种学科知识，将当下民族文化与心理环境中的物化营造活动，通过一系列图示化语言加以描述和呈现。其中谭人殊的《滇池古渡海晏村》一书，将插画与文字相结合，有助于进一步凸显针对传统人文居住空间营造效果中的故事性表达，从而为社会公众进一步了解关注相应云南少数民族人文居住空间传统营造技艺中的改良、传承与发展起到了积极作用。

二　云南少数民族人文空间中的传统营造技艺研究解析

对于中国人文空间中的传统营造技艺加以解读的记述古已有之。早在两千多年前的《周礼考工记》中就有相应的论著，其中在《匠人》一篇中除了对营国营城中相应的宗室、坛庙、道路、城防等内容加以规制外，还对部分在营造中所使用的技术制度进行了说明。到了五代时期，出现过我国历史上有关木结构技术运用的第一本技术典籍

《木经》，虽然现而今已然失传，但在其作用和影响下所形成的北宋官勘发行的《营造法式》和清代《工部工程做法则例》作为记述中国传统木构技艺体系中相应营造技艺的重要典籍，其对后世在历朝历代中相应空间建造的规范化、模数化与等级化发展都起到了深远而重要的影响作用。而其他散见于《梦溪笔谈》《天工开物》《园冶》《闲情偶寄》与《髹饰录》等文集中的部分内容，也从不同层面上对于中国传统空间中人文环境的营造活动做了记述和说明。与西方营造活动中多采用的砖石拱券技艺不同，在中国传统营造中，更多采用的是具有生命周期与在地特点的木与土两种材料，并在此基础上形成了中国文化与思想的传统营造技艺体系和审美价值追求的发展脉络主线。

然而，在地处中国西南边陲的云南，除了存留有受传统汉地土木营造技艺的作用和影响而建成的诸多实例，还因为在此区域中各民族所处不同生境所保存、孕育或催生的较为特殊的营造技艺及其成果，进而使得云南少数民族人文空间中的传统营造活动也因此具有鲜明而突出的多样性、丰富性与特殊性的特征，其中对相应营造技艺与营造思想的发掘整理，伴随对这一领域相关研究的逐步深入，也在不断产出新的成果和价值。

早期，对云南少数民族人文空间中的传统营造技艺的研究，主要肇始于20世纪30年代抗战时期中国营造学社南迁过程中由梁思成、刘敦桢、刘致平等学者所进行的对四川、云南、贵州等地散落于田野中的各种历史建筑及当地民居所开展测绘与记述工作。这一时期对于相关地域中包括民居建筑在内的研究工作，在事实上开启了学界对中国西南地区尤其是云南少数民族空间营造技艺与方法加以关注的大幕，并由此产出了诸如《中国古代建筑史》（刘敦桢）、《中国住宅概论》（刘敦桢）和《中国居住建筑简史》（刘致平）等早期研究成果。

其后，自20世纪60年代起至90年代，各地分别按照各自地域归属，有针对性地组织专家学者开展了对以传统民居为代表的人居空间与环境营造成果的系列调研、整理与记述，并由此形成了《云南民居》《福建民居》《浙江民居》等专著丛书（均由中国建筑工业出版社于2018年出版），时至今日，这些丛书的内容仍具有重要的资料价值。

之后，自20世纪90年代开始的对于以民居研究为总体方向的分析与解读在更大范围内逐步成为各高校所关注的热点领域。其中依托地缘优势条件，针对云南民居及其居住空间营造中的研究，以昆明理工大学为代表，云南艺术学院、云南大学等高校也在结合自身专业特点的基础上，纷纷产出了一批相应的研究成果。其中需要指出的是，上述研究除了进一步促进传统研究中所涉及的总体框架的全面把握，进而还更加强调针对某些具体研究领域的深化与拓展。正是基于这种研究细化的驱动作用，当下对传统营造技艺与改良的研究也正在进入方兴未艾的快速发展阶段。

1. 道——营造思想

正如英国学者怀特所说："自人类诞生以来、人类种族的每一个成员从他降生人世的那一刻起，便是生存于一定的气候、地形、动植物群地带的自然环境之中，同时也进入一个由一定信仰、习俗、工具、艺术表达形式所组成的文化环境。"邱吉尔也曾说道："我们塑造了建筑，而建筑反过来也影响了我们。"因此，要想了解一个地区或民族的人文居住空间营造技艺与改良，其实不妨可以转而先行对其所根植的宏观背景环境，以及相应所催生出的行为加以研究和分析，从而由此探究当地居民在进行营造活动中所暗含其中的思想之道。

云南，这个地处中国西南边陲的区域，其自身独特的自然环境与人文环境存在着与传统汉地大相径庭的差异性与独特性所在，按照蒋高宸在《云南民族住屋文化》一书中的观点，正是由于云南"自然条件的多样性、民族构成的复杂性、历史发展的特殊性以及文化特质的多元性"，使得云南在地理与人文这些特殊的基质上孕育出了丰富多彩、绚丽异常的人文居住空间。虽然在云南的不同时空环境中，不同民族创造出的具体营造成果不尽相同，但其中在这一区域中进行营造活动其基本思想与原则，却由上述怀特所提出的认知图示的同构而具有某些共性特征。

笔者认为，在云南各少数民族人文居住空间传统营造中，"崇天—惜物—敬神—安人"是所有营造活动及其技艺使用中的基本思想出发点。在尊崇恪守上述营造思想的前提下，对相应的营造过程加以约束和把控，从而达成物质环境与人文环境之间的对话与和谐。

（1）"崇天"：在历史演进发展过程中，面对丰富而多样的自然环境，云南少数民族在对其加以认识与改造的过程中，普遍采用的是具有某种带有敬畏感的态度。这与其当时普遍处于生产力不够发达状态往往有着较为直接的关联。客观上对于作为"上天"存在的自然界加以利用，在不少区域中往往多为简单的收集、加工和利用。这种相对较为原始的状态的营造活动中所形成的人需要对自然关系加以依附和顺应的朴素思想，对于其开展相关的环境空间营造活动不断产生着作用和影响。伴随其后的生产力逐步发展与技术工具完善成熟，这种爱护自然、崇敬"上天"的认知模式被潜移默化地加以保留，从而形成了见诸于很多云南彝族村寨中如"密祉林"之类形态的例证（图3-1）。

图3-1 ／ 石林大糯黑彝族村寨及其周边保留完整的密祉林

（2）"惜物"：与上述"崇天"观念相呼应，在云南少数民族所进行的空间环境的传统营造过程中，如何将获得于"天"的"物"加以最大化的合理使用，使其在有效的材料使用周期内发挥最大的效用，一直就是云南各少数民族在施用相应传统营造技艺的重点内容。与前述中原汉地对土与木两种建材相对程式化与规范化的使用有所不同，在云南，各种材料在进行使用的过程中，如何充分利用材料的特点来满足使用的需求，从而降低使用与维护成本、延长使用周期、增强使用安全性，从而有效提升营造的效果。例如，来到滇池岸边不难发现，原本食后无用的螺蛳壳在当地工匠的手中将其加入生土泥料中作为替代卵石进行使用的骨料，使得其营造出的夯土墙因此具有价廉质坚的特殊效果（图3-2）。

图3-2 / 昆明化城村中使用地方性材料与工艺建造的夯土墙

图3-3 / 沧源翁丁遗存的旧时进行祭祀仪式用的桩林

图3-4 / 孟连佤族居所内的火塘空间

（3）"敬神"：较之与中原儒家"子不语怪力乱神"的思想所不同，云南各少数民族在进行空间营造的过程中，宗教、神话与巫术的作用影响，往往对于空间营造中的过程及其营造技术的运用具有举足轻重乃至决定性的影响效果（图3-3）。不论是一开始在对整个村寨通过占卜等"通神"手段所进行的布局选址，还是对某个建筑中所需所包含的具有神性空间的具体位置安排，甚至是具体营造活动中某些带有神秘色彩的仪式仪轨的介入，都使得云南很多少数民族空间的传统营造活动，不再简单只是某种技术手段的运用，深藏其中的对于神明的崇敬感所塑造出相关营造活动所具有的人文特质由此构成了在对其传统营造技艺加以解读时需要特别加以关注的内容。例如对应云南诸多民族所具有的对火的崇拜，在不少民族的起居空间中的火塘就兼具实体崇拜和灵性崇拜以及神明崇拜的特点，而对于以火塘为代表的空间环境的营造，由此也实现了从物态到人格再到神性的升华与提升（图3-4）。

（4）"安人"：在云南少数民族所使用的传统营造技艺中，通过将对美好生活的愿景转化为具体操作过程中的规章制度与工艺做法来加以比拟或隐喻，从而实现让使用者达到身体感受与心理体验两方面的安宁和舒适。不论是传说中傣族初民为模仿远古时期给其提供过庇护的，源于家犬而修建的"杜玛些"，还是寓意凤凰下界后教人们平地起屋的"哄哼"竹楼，其实都是人们最初阶段中对于安居需求的表述与呈现。而在白族的传统营造技艺体系中，从择址定基、动工下料、"圆木架马"、"穿架"送木气、立木上梁"拜墨神"等一系列操作，同样是将居者追求生活平安祥和的美好愿景，用制度化与规程化的方式加以落实的生动流程。这种来自民间、植根于乡土的营造过程中所体现的在物态结果营造中对精神诉求的满足，也在很大程度上印证了其人文居住空间传统营造技艺至今仍然在云南不少地区传承过程中具有完整且鲜活的魅力。

2. 器——技艺运用

鲍山葵曾在《美学三讲》中指出："形式不仅仅是轮廓和形状，而是使任何事物成为事物的一套套层次、变化和关系"。在云南这片土地上，各民族所尊崇的营造思想、所利用的营造材料、所面对的营造环境、所形成的的营造结果，虽各有不同，然而根据其所对应的自然环境、社会历史、宗教文化以及价值审美，大致可以形成不同的分类标准。杨大禹在《云南少数民族住屋——形式与文化研究》一书中，将云南不同少数民族的营造活动与技艺，按照各个民族住屋的形态特征加以分析。《云南民族住屋文化》一书中蒋高宸则按照云南各区域住屋发展中的谱系类型（干栏谱系、板屋谱系、穹隆谱系、天幕谱系与合院谱系）进行了归类总结。而如果按照其发展与应用情况将其与云南少数民族人文居住空间建设情况加以对照，加入对产生作用的各种因素的影响分析（环境、技术、宗教、传播、族群），笔者认为，可以把云南少数民族人文居住空间传统营造技艺分为原初型、演化型、融合型、消亡型。各种类型与对应与其产生作用各种因素的影响间的关系大致如下图所示（图3-5）。

其中：

（1）在原初型中，相应技艺运用受环境条件的影响而对人文居住空间的营造产生的作用较之于其他因素显得尤为突出。其中对应工艺的使用层次及其营造成果均显得较为原始且粗犷，受制于有限的族群人数和作用影响效果，该种类型的营造技艺在很大程度上存在着传播的困难性，容易受到其他类型技艺的冲击和替代，目前仅在部分地区仍有流传。例如佤族的鸡罩笼式草顶民居、傈僳族前脚落地式房屋、怒族的井干式垛木房等（图3-6）。

	环境	工艺	宗教	传播	族群
原初型	5	1	1	2	2
演化型	4	3	4	3	4
融合型	2	4	3	5	3
消亡型	1	2	2	1	5

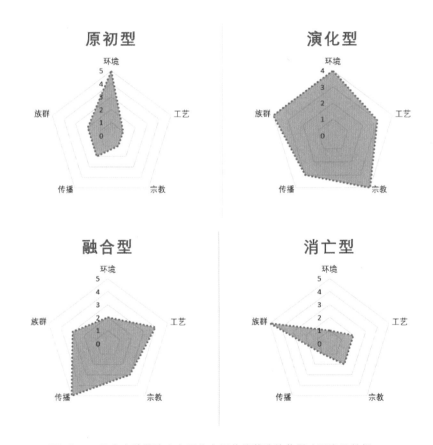

图3-5 / 云南少数民族人文居住空间传统营造技艺影响因素及其相
应类型划分示意

图3-6 ／ 怒江翁里怒族井干式垛木房

（2）在演化型中，在相应的技艺运用中工艺水平有进一步的显著提升，对于多种材料也能在发掘其各自特性的基础上对其加以综合利用。在具体对人文居住空间的营造中开始注意自身对宗教、文化、心理等内容加以考量。对这一类型的营造技艺的使用和传承，往往不同地区不同族群会形成相对较为成熟的规则和方法，并且在世代传承中将其加以保留和传承，一些地区甚至由于某些民族的主导作用使得此类营造技艺成为塑造地域特色的主要推动力。例如傣族地区的干栏式民居、红河彝族的土掌房民居等（图3-7）。

（3）较之于演化型有所不同，融合型的传统营造技艺体系由于受到传播作用的影响显著提升，某些区域中的族群其长期与中原汉地进行交流进程中，在对传统土木营造技术加以吸收借鉴的基础上，形成了某些带有云南地域特征与工艺做法的营造技艺体系，并在结合自身所有的宗教文化与民族信仰的前提下，发展演进出带有较为明显的融合特征的人文居住空间环境。其中在云南滇中、滇南以及大理环洱海周边区域留存的合院式居所，就是很好的例证（图3-8）。

（4）此外，作为某些特定历史时期中由于族群迁徙或者技术流变所形成的消亡型传统营造技艺体系，

图3-7 / 红河城子村彝族土掌房民居

在云南某些区域环境或历史时段中也偶有遗见。从早期的滇西北区域中存留过的诸如苦聪人的地棚式住屋，到云南河西蒙古族历史文献中记述的天幕式居所，应该大多属于这一类型的技艺体系运用。

图3-8 / 大理喜洲镇具有融合特征的白族民居合院式空间

3. 道器相生——云南少数民族人文空间中的传统营造技艺运用的底层逻辑

云南，其所具有的复杂性和多样式，一方面在为身处其间各民族进行营造与建设活动提供丰富多样可能的同时，也在另一方面对其形成了巨大的难度与挑战。如何探求在有限的营造条件中发掘出实现人文居住空间中最为根本的从"可居—宜居"演进的路径和方法，历来都是其底层逻辑的核心所在。而在发展的过程中，通过对各种类型技艺体系的合理运用，将营造思想中的生存智慧加以最大化诠释，并且由此形成并达到道器相生的效果，这对于将传统营造技艺的运用、改良与传承，具有决定性的作用和价值。

在云南传统少数民族人文空间中的传统营造中，一方面既需要对进行营造的需求有充分的认知，另一方面也需要对开展营造的方法有熟练的把控。其中特别是结合营造的具体条件选用适宜的工具、材料与方法。云南传统少数民族空间环境营造中常见的竹、木、土、石、

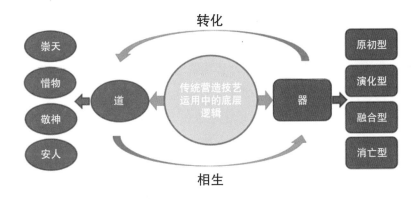

图3-9 / 传统营造技艺运用中的底层逻辑示意

草、藤等多种建造材料所具有的多样化特性，更是为传统空间营造技术在不同层次、不同阶段中的运用，提供了多种选择和可能。从竹木为主的傣家竹楼到原木搭成的摩梭板房，从夯土为墙的土掌房屋到砖砌瓦顶的合院民居，在种种建成的人文空间中无不流露出营造者与使用者对于"崇天—惜物—敬神—安人"思想的理解和阐释（图3-9）。

三　云南少数民族人文空间中的传统营造技艺改良实践及其运用的现状、思路与案例解析

　　虽然在对云南少数民族人文空间中的传统营造技艺加以考察的过程中，时至今日我们仍然还不难发现存留有不少触手可及的实例，但在此需要特别指出的是，伴随21世纪时代的前进与生活的发展，云南少数民族人文空间的传统营造技艺在面对当下日益凸显的全球化技术转移与互联网信息化浪潮的冲击时，其在未来将会如何发展？所谓的传统技艺是否还有生存的空间？传承技艺的主体究竟是谁？采用何种方式来对传统技艺加以传承？这些问题其实都需要通过认真思考对此加以回应与解答。

　　前述云南少数民族人文空间传统营造中普遍存在的多样性和差异性，一方面构成了对其加以研究的丰富性和趣味性所在，另一方面也使得在对其加以改良的过程中，很难找到某种一成不变的经验和法则。传统民族居住环境中普遍存在建造质量和工艺水平偏低、室内环境布局简陋、卫生设施不足、空间分隔缺失、采光通风条件不理想等问题。此外，在传统空间营造中由于受到材料与工艺的影响，导致其中使用的木构架，其耐火、耐蛀、耐糟朽性能较差，加之目前建设用

木料获取难度日渐增加，导致各处出现过不少旧有空间环境由于无法获取传统木材对原结构进行加固、更换与维修，而沦落到日渐衰败的窘境之中。与此同时，云南作为我国地震灾害多发省份之一，传统使用未改性优化的生土及土坯砖进行建造的房屋，也还普遍存在有抗震设防方面的安全隐患问题。

而作为少数民族人文居住空间传统营造技艺的使用者和传承者，在当前不少地方也面临着传统匠师流散、工艺做法失传的实际问题，同时，此类传统营造技艺的流失反过来又使得在这些民族地区新建人文居住空间的营造中出现因请不到传统匠师，而不得不采用居民自建或者互建的方式加以进行。更有甚者，来自外乡外地的施工单位与样式风格，也常常紧随其间占领了上述传统营造技艺与匠师出现真空的地区，此类无序、混乱、古怪的异质建成对象，也会对于云南少数民族人文居住空间中传统风格的连贯性和延续性造成严重的破坏和干扰。

有鉴于此，虽然从20世纪80年代开始，云南就在部分少数民族地区先期采用组织设计院编制民居设计方案的形式，就当时民族人文居住空间的营造活动加以研究，但受限于当时的指导原则与操作模式的局限，此类对空间传统营造技艺研究并对其加以改良的尝试并没有取得预想中的效果，大部分设计方案由于缺乏足够的实践支撑而很难发挥应有的作用。

1. 改良的方法与原则："求真尚美——寻材施用"与"技术主导——多元协同"

正如其后在总结相应前期实践经验与教训的基础上，以昆明理工大学（当时为云南工业大学）为代表的师生深入民间，实地探勘，以满足居民生活的真实需求为导向，在发掘当地工艺做法以及审美心理的基础上，将傣族地区所流行的干栏式民居进行了基于现代结构、工艺与材料的改良与创新。针对云南少数民族人文居住空间中传统营造技艺的改良就此逐步迈入了"求真尚美—寻材施用"的阶段。通过对原本木/竹骨、竹墙、草/瓦顶的传统干栏式建筑中类框架体系及营造所使用的材料等要素的研究分析，充分发掘探索各种新材料与新结构在使用中的可能性，在采用整体预应力板柱结构体系（IMS体系）对其加以转译和再现的同时，积极响应相关的技术条件与造价要求，从而在不断优化分析模型及建造式样的基础上，充分体现了既满足傣族地区群众对传统居住空间营造的实际需求，又体现了传统技艺向当代技艺进行升级与改良的方法运用。

此外，在当前对云南少数民族人文居住空间传统营造技艺改良的实践进程中，越来越多的案例无不在证明，传统以依靠单一主体对技术运用作为主导的模式正在越来越向着多元参与下的协同作用的发展方向进行转化。作为传统人文居住空间营造决定者的匠师，以及之后的当代设计工作者，现而今在面对如何运用传统营造技艺乃至于要对其加以改良时，只有通过积极听取来自大众的意见和呼声，结合使用当代的各种新技术工具，也才有可能实现传统技艺向当代技艺进行升级与改良的目标（图3-10）。当然，在当下社会发展中建设主体日益呈现多元化特征的时代中，对于相关人文居住空间的塑造活动也必然呈现出多元化的定义和需求，因此妥善处理好这当中来自工程的、艺术的、商业的、社会的等多维度的关系，也是今后进行传统营造技艺改良实践中必须要进行思考与应答的话题。

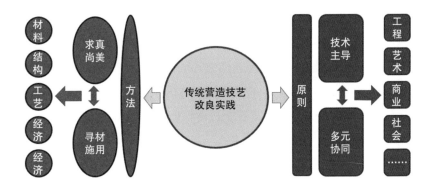

图3-10 / 传统营造技艺改良实践中运用的方法与原则示意

2. 实践案例

（1）干栏式住屋中的人文居住空间传统营造技艺改良的技术运用探索——勐海县曼真村1号实验楼与景洪市曼斗村2号实验楼及其曼景法傣族新村的建设。

干栏式住屋作为典型性的云南少数民族人文居住空间形态中的一种，其在整个滇南西双版纳地区都有广泛流传。旧时其作为对于当地自然气候与人文心理条件加以应对的成功范例，在其演化过程中逐渐形成了相应较为成熟的工艺做法与形态特征。然而据相关资料显示，传统的干栏式木结构竹楼普遍存在对建设木料需求量较高、抗震性偏弱、居住质量与体验有待提升等问题。进而在当代城镇化的进程中，传统干栏式木结构竹楼由于受到传统技艺消失、建设造价影响等作用，在某些地区以砖柱支撑、墙体落地、钢筋混凝土结构加镀锌波形瓦屋顶的所谓"新式傣楼"建设大有甚嚣尘上的发展趋势，进而导致原本颇具地域民族文化特色的村寨风貌遭遇到强烈的冲击和破坏。

有鉴于此，昆明理工大学设计团队深入当地，在对当地居民的实际需求、现场施工能力，以及营造所需成本加以综合考量后，提出应该把少用或不用木材、避免砖墙承重、保持传统干栏式住屋底层架空的空间格局，以及沿袭传统屋面形态特征作为下一步改良其传统营造技艺的出发点。在经多方比选确定采用IMS体系之后，又在居民的参与和反馈中反复调整方案，对其加以有针对性的在地化改造。

其中在勐海县曼真村1号实验楼与景洪市曼斗村2号实验楼建设中，通过有针对性地研究解决现场出现的问题和需求，一方面逐步明确了引入的新技术工艺对于传统营造活动的改良和发展具有积极有效的促进作用，另一方面也在不断的尝试和探索中就如何简化建造工艺、降低建设成本从而扩大其推广运用的可行性进行了尝试。在完成相应前期建造实验的基础上，又将相关的建设经验与方法在景洪市城郊曼景法傣族新村的规划建设中加以推广运用。该新村中接近八成的新建干栏式住屋，通过采用IMS体系及其对应的墙体与屋面建造工艺，塑造出既富有传统特征又兼具时代气息的新型傣族村落环境中的人文居住空间氛围。

（2）夯土式民居中的人文居住空间传统营造技艺改良的价值重建探索——"一村一专"介入下的昭通鲁甸光明村重建。

土作为在传统营造活动中又一常见的材料，各民族在对其加以利用的过程中总结出了属于各自的经验和技巧。在云南不同地区，在利用土作为营造人文居住空间环境的材料时，不同的土质以及加工方法，使得云南的生土建筑营造具有了各不相同的特点和风貌。但就总体而言，在云南，对于生土使用的经济性与方便性使其仍在不少地区内被大量用作构筑相应住屋的支撑结构、围护结构甚至部分屋面的主要材料，在对其进行加工操作时，受制于传统工艺的做法，至今可见的是仍多采用整体夯筑或者使用土坯这两种方法。

作为地震多发的省份之一，云南由于使用夯土墙或土坯砖进行建造的住屋在地震中损毁而造成的人员伤亡和财产损失时常见诸报道，而通过对夯土式民居中的传统营造技艺改良来应对相关问题与挑战，并且在此基础上重建当地村民对于传统技艺的信心，这在昭通光明村重建的案例中体现得尤为典型。

光明村位于云南省昭通市鲁甸县，2014年在当地发生的地震中，有超过8万间房屋倒塌、13万间严重受损，其中相当一部分为传统生土民宅。在光明村中有超过90%的传统夯土建筑受损严重，当地群众普遍反映对传统生土建筑的抗震性产生恐惧和不信任感。之后村民在选择进行新住屋建设的过程中，将方盒子式的砖混建筑作为其优先选择的对象，由此进一步催生出新建房屋营造成本攀升、文化归属认同感下降的困境。

有鉴于此，在震后不久，由香港中文大学"一专一村"项目团队联合昆明理工大学以及剑桥大学针对光明村所开展的震后重建支持工作，一方面在尽可能控制成本的基础上对当地房屋的抗震性能进行提升；另一方面还充分考虑到相应对居住舒适性及村庄传统风貌的保持与延续效果，特别是在具体操作实施过程中，在对传统的夯土营造技艺加以适当改良时通过将黏土、骨料与连接材料之间的配比进行优化，配合局部内藏使用的竖向钢筋与水平圈梁，结合运用操作简单、易于更换维修的夯土模板和小型机械，从而使得夯土这一传统建材不仅能具有更加优异的物理使用特性，而且还使村民在迅速掌握相应建造技术操作方法的前提下，积极参与到重建活动的全过程中去。

这种从以往使用者常常游离于营造之外的状态向使用者与营造活动紧密相连，甚至让使用者在某种层面上重新成为营造活动主体的模式，使得整个光明村震后重建的速度较原计划得以极大提升，并且在过程中村民通过重拾相关技艺而完成对自家居所的营造成果，也有助于增强村民与其本乡本土环境之间的情感关联，从而使得村民真正在此过程中逐步恢复了对传统文化和自身价值的认同和自信，并由此对其价值重建进程起到积极的推动与促进作用。

（3）木构合院空间中的人文居住空间传统营造技艺改良的情感回归探索——沙溪先锋书局。

沙溪，一个茶马古道上的重要贸易集镇，既见证过曾经因其所处的特殊地理位置而产生的繁华喧闹，也经历了由于清代官道变迁与上世纪新国道开通所引发的落寞沉寂。在繁华褪尽后存留下的当年的大大小小众多的客栈、集镇、戏台以及寺庙、寨门等等当年的设施，也在岁月的流淌中被静静地尘封起来。

直到20世纪90年代，这个似乎正在被人所遗忘的小镇却因其所保留村庄及建筑的原真性与完备性而受到来自"世界纪念性建筑基金会（WMF）"专家学者的关注，并于2002年度被列入《濒危世界遗产名录》。次年，由瑞士联邦理工大学与当地政府共同组建的沙溪古镇保护项目组以及相应村落复兴工程，使得对沙溪传统村落与建筑的保护与更新真正从此进入了快速发展的新阶段。其中在WMF负责筹措相应资金的支持下，项目负责人黄印武将其对传统村落保护更新的理念进行了全方位的梳理与整合。当时在对沙溪所进行的复兴工程中，借助对物质层面上四方街与古村中建筑所进行的相应修缮与更新，以达到通过保护文化遗产来提升村民对于沙溪价值认同的效果，进而在激发其文化自信基础上的情感回归，并由此实现了对传统人文居住空间营造、使用与传续中的可持续性利用与发展目标。

在"最大保留、最小干预"的设计原则下，黄印武将对沙溪"时间印记"的保留作为设计行动的出发点，在引入相应当代遗产修复成熟经验的前提下，适时适度地对当地传统的木构营造技艺加以改良与更新，并由此对人文居住空间营造中的在地化可行性加以探索与尝试，而在沙溪北龙村所进行的先锋沙溪白族书局营造，就是当中一个较为典型的案例。

　　该书局利用场地中原有的粮食加工站及其周边的烤烟房与室外空场这些带有明显时代及历史痕迹的对象，来开展相应的营造活动。其中原粮食加工站及烤烟房用木构支架与夯土外墙所围合形成的高敞空间经过处理，一方面通过适度引入玻璃等材料来活化提升内部环境体验；另一方面还特别注意将传统木构梁柱屋架加以完整保留，在对其进行必要的改造与优化的基础上，形成既能够表达将当代技术运用到保护中来的革新理念，又能够充分体现历史韵味与传统氛围的设计使用效果。（图3-11）

图3-11　/　完成改造后的沙溪先锋书局中的室内空间环境氛围

在改造后的书局主要空间中，排列有序的木架梁柱、屋顶以及夯土墙配合从地面延伸至顶面的书架与藏书，使其原本以生产性为主导的传统木构室内效果逐步向以精神性为追求的文化场所环境体验进行过渡和演化，并由此在沙溪开启了通过对传统营造技艺加以改良进而为乡村振兴进程中的情感回归提供相应支撑的探索之路。现而今，不论是村中的老者还是稚童，也不论是外来游客还是当地著民，凡有闲暇之际，人们大多都会选择前往书局，在阅读、交流中将这伴随改变而重获新生的书局作为其自身的精神与情感家园，从中不断获得慰藉心灵的温度与力量（图3-12）。

四 小结

结合上文的分析，笔者认为，在当下云南少数民族人文居住空间传统营造技艺发展与演化进程中，不论各自案例中所聚焦的关键点存在何种差异与不同，但在其中所蕴含的"物—人—情"之间所形成的三位一体密切关系，其作为催生触发传统技艺不断进行改良与革新的内驱力，归根结底其实往往源自居者对美好生活的向往与追求。同时也正是这些真挚而朴素的向往与追求，使得每每在面对新变化之际，对传统营造技艺所进行改良与实践往往也更加具有现实意义和普遍价值。尤其是在当下技术浪潮日益席卷全球的大环境中，探求如何将传统营造技艺加以合宜的传承与恰当的革新，虽然相关探索目前也还处在不断探索的阶段，但面对未来，如何去圆满书写那份答卷的纸笔其实早已传递到了你、我、他的手中。

图3-12 ／ 书局的改造完成使得阅读成为沙溪当地村民的生活习惯与
　　　　　心灵慰藉

第四章

以云南原生性民居的演化机
制为基础的设计实践研究

本章从云南传统的原生态院落式民居入手，阐述了其历史发源和营造信息。而后，对云南当代原生态院落式民居的自发性建造进行了探究，尤其关注其与传统民居之间的演化逻辑和因果关系。最终，尝试性地从现代主义设计、模块化设计等方面寻求突破点，针对于云南当代原生态院落式民居的发展，提出了相应的设计引导策略。

一　原生态院落式民居概述

　　"原生态"一词最开始是从自然科学领域借鉴而来的。"生态"的定义是"生物和环境之间相互影响的一种生存发展状态"，而"原生态"则泛指"一切在自然状况下生存下来的东西"。[1]根据美国建筑理论家伯纳德·鲁道夫斯（Bernard Rudofsdy）在其名著《没有建筑师的建筑：简明

1　张云平：《原生态文化的界定及其保护》，《云南民族大学学报》，2006（4）。

非正统建筑导论》一书中的定义，类似于"民居"这样的"非正统建筑"，其本质上就是一种人与环境之间相互作用的结果，是一种很质朴的人地关系的体现，以实用功能和地域性的建造技术为主导。[1]因此，作为"没有建筑师的建筑"，"民居"则正是"原生态"的一种表象。

院落式民居，又被称为天井式或合院式民居，是最具有汉族文化代表性的住屋形式。院落式民居的起源可以追溯到黄河流域地区的文化时期，例如仰韶文化和龙山文化等。据考古发现，在西安半坡村的仰韶文化遗址中残存着大量的地穴、半地穴和地面木骨泥墙式房屋，可视为院落式民居的萌芽。但值得注意的是，虽然地穴、半地穴和地面木骨泥墙式房屋是院落式民居的源头，但院落式民居却不是此类原始住宅唯一的演化结果。地穴、半地穴和地面木骨泥墙式房屋是一种极其原始的营造形式，它也是原始建造工艺与自然环境之间相互作用的结果（图4-1）。迄今为止发现的带有院落式民居典型特征的建筑遗址，最早出自陕西省岐山县的凤雏村，其历史可以追溯到西周，而院落式民居的大规模出现，则要到汉代。我国著名的建筑学家刘敦桢曾说过："自此以后梁架、装修、雕刻、彩画等技术方面虽不断推陈出新，但四合院的布局原则，除了某些例外，基本上仍然沿用下来。"[2]由此可见，院落式民居的基本形式自汉代定型之后，一直延续至今。

在群体空间的布局上，院落式民居的营造强调以方形为基础，无论是单体还是群落，其建筑形态在规划之初都虔诚地表现出对于方形的追求。这既是营造本身对于物理规律和形式逻辑的遵循，也是中国

---

1 〔美〕伯纳德·鲁道夫斯基：《没有建筑师的建筑：简明非正统建筑导论》，高军译，天津：天津大学出版社，2011年版。

2 蒋高宸编著：《云南民族住物文化》，云南：云南大学出版社，1997：349。

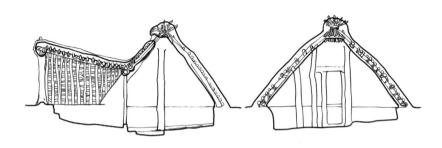

图4-1 / 仰韶文化半地穴和地面木骨泥墙式房屋

古代文化中"天圆地方"理念的体现。在中国的古代文化中，"天圆如张盖，地方如棋局"是一种普遍的认知。历朝历代的都城、皇宫也都有"定之方中""殖殖其庭""哙哙其正"（《诗经·大雅·文王之什》）等形态特征。因此，方正的院落式民居在文化观念上同样秉承着"体象乎天地"的意义，以保持着天人合一的和谐。

在整个方形的建筑布局中，天井是一个重要的核心，所有的建筑体量围绕着天井向内聚合：以正房为统率，用中轴线来进行控制，以"间"作为基本单位来构成单幢建筑物，再以各种建筑物围合成整个院落，最终形成了主次分明的空间秩序。而在这套空间秩序的背后，则蕴含着中国传统文化中的礼制。

"礼"是"在西周时期便已确定的一整套典章、制度、规矩和仪节"，是"原始巫术礼仪基础上的晚期氏族统治体系的规范化和系统化"[1]。从社会功能来看，"礼"以"尊敬和祭祀祖先"为核心，以"血缘父家长制"为基础，以此来确立院落式民居中的空间秩序，区分尊卑、长幼、亲疏、男女等不同的人群，所以才有了院落式民居中正

---

1 李泽厚：《中国古代思想史论》，北京：人民出版社，1986年版，第8页。

房、厢房、闺房、客房和各类棚屋杂圈的各就其位。

此外，就房屋的构筑而言，院落式民居的建筑单体皆由台基、柱墙和屋顶三部分组成：其核心框架由至精至善的木构架体系搭建而成，并利用易于获取的天然材料——土、木、石、竹等，和常规的人工材料——砖、瓦、石灰等，来完善地面、墙体和屋顶的营造，最后综合运用精湛的石雕、木雕、砖雕和彩画等装饰性的手工技艺，来凸显建筑物的艺术表达。这也是传统营造善于借鉴与利用、重视经验积累、追求美好情景的结果。

二　传统院落式民居的营造

结构理性主义的支持者奥古斯特·舒瓦齐（Frangois Auguste Choisy）在其1899年的著作《建筑史》（*Histoire de lachieture*）中曾表述道："建筑的本质是建造，所有风格的变化仅仅是技术发展合乎逻辑的结果。"而这个"逻辑"便是地理、气候和社会因素所对应的客观前提条件。

1. 布局的智慧

院落式民居以天井为空间核心，而天井的形态及其与院落之间的组合手法，又基于对自然环境和社会因素的考虑。典型的院落式民居，其天井大多呈现出南北方向较长、东西方向较短，即大进深、小面宽这类的纵长方形。究其原因有两个方面：首先是中国古代建筑制度中有规定："一二品官厅堂五间九架；下至九品官厅堂三间七架；庶民庐舍不逾三间五架，禁用斗拱、彩色。"[1]由此可见，普通民

1　庄雪芳、刘虹：《中国古代建筑登记制度初探》，《大众科技》2005（7）：4。

居的正房面宽只能做到三间。若需要增加住房的容量，则只能延伸东西两侧厢房的长度，最终致使整个院落的进深大于了面宽，从而形成纵长方形。其次，院落式民居起源于我国北方，受到地理方位的影响，其太阳高度角较小，因此为了确保正房能得到充足的日照，在规划布局之初有意增加南北两排房屋的间距，这也是纵长方形天井形成的原因。

但并非所有的院落式民居都倾向于纵长方形天井，云南地区的院落则大多呈现出正方形或者横长方形的天井样式。云南民间在院落营造时常常流传着这样的说法："天井要一字形，不要棺材形。"这里的"一字形"指的便是横长方形，而"棺材形"则指代着纵长方形。从地理因素来看，云南地处低纬度地区，太阳高度角大，因此南北两排房屋的间距比北方小。此外，南方地区对于"棺材形"的天井十分忌讳，认为这样的天井形式寓意着"停丧"。例如在云南的红河州石屏县地区，就有一种院落被称为"四马推车"（图4-2），原本这种院落按照其房间的数量和规模来进行布局，也应该呈现出纵长方形的天井样式，但当地的工匠们往往在其纵向的天井中刻意增加一堵横墙，于是将原有的纵长方形天井分割成为一个略小的横长方形前院天井与一个正方形后院天井的组合，在名义上形成了独特的"一进两院"，以此来破除"棺材形"天井的忌讳。这便是民间在处理客观建造和民俗文化之间的矛盾时所体现出来的智慧。

在确定了天井的形式以后，如何围绕着天井来进行房屋的布局，则是另一门学问。通常而言，院落式民居的布局都较为紧凑，且各空间的构成要素之间始终保持着一种稳定而有机的整体结构关系，无论建筑的尺度和规模如何变化，这种整体结构关系基本都是恒定的。譬如云南滇中地区的"一颗印"民居，在民间又被称之为"三间四耳倒八尺"，即正房三间；两侧厢房（即耳房）各有两间，共计四间；与正房相对的房间名为倒座，其进深限定为八尺。这种描述简明扼要地勾勒出了"一颗印"民居的建筑特点。

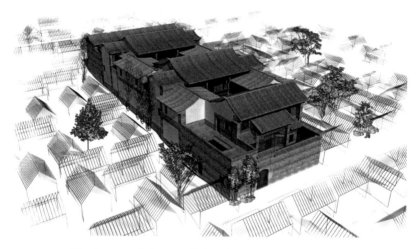

图4-2 / 云南省石屏县的传统合院式民居"四马推车"

"一颗印"是云南本土彝族地区传统的山地"土掌房"在受到汉族居住文化的影响后演化而成的产物，[1]因此其保留了"土掌房"院落中方正而狭小的天井形式，布局紧凑但颇有讲究。"一颗印"的大门开在院落的中轴线上，而入门处则设有由四扇活动的木隔扇制作而成的屏风。平日里，屏风是关闭的，人们从其两侧绕行进入内院，但每逢节庆或有宾客临门时，屏风便大大开启，使得倒座、天井和堂屋融合成一个宽敞的整体空间。此外，在营造时，"一颗印"中正房的地坪明显地高于两侧的厢房和倒座，这样的设计一方面显示出正房在院落

---

1 相关信息参见刘晶晶：《云南"一颗印"民居的演变与发展探析》，昆明理工大学硕士学位论文，2008年。

中的统领地位，另一方面也避免了厢房和倒座对于日照的遮挡，在这狭小的天井中为正房争取到了更多的采光。

综上所述，我们可以看到院落式民居的布局是在考虑到物理环境和人居心理之后得到的一个综合性结果，也是"营造"对于自然因素和民间文化的遵从。

2. 土木之术

在传统文化中，建筑工程又被简称为"土木"。譬如东晋时期的道家葛洪在其著作《抱朴子·诘鲍》中便写道："起土木于凌霄，构丹绿于梦橑。"此外，成语"大兴土木"也是这个意思。究其所以，则是因为"土"和"木"都是传统营造中最为核心的建筑材料。因此，直到现在，从事建造及其相关领域的专业依然称为"土木工程"。

"土"作为一种原始的建筑材料，资源丰富、取材便利，其最为广泛的用途就是作为民居建筑的围护体系——墙。在院落式民居中，为了保暖御寒，减少室内的热损失，往往都会采用很厚的土墙来作为建筑的外围护构件。而这种筑墙经验在云南的传统民居中也得到了广泛的运用。土墙的营造一般分为夯土墙和土坯墙两种。夯土墙指的是按照墙体的平面格局，将泥土混合着碎石、草筋、竹片等一起倒入特制的夹板槽内，而后用木锤逐层夯实的做法。而土坯墙则是先将黏土用模具制作成类似于砖块的土坯，然后再用土坯砌筑成墙体。[1] 除土墙之外，在一些山区的院落式民居中，还存在着以石头来砌筑墙体的做法。譬如云南大理的洱源地区，以山涧中的卵石作为墙体的砌筑材料便已

---

1 杨大禹、朱良文：《中国民居建筑丛书：云南民居》，北京：中国建筑工业出版社，2010年版，第189页。

有上千年的历史。在唐代的《蛮书》中也对此番景象有所描述："巷陌皆垒石为之，高丈余，连延数里不断。"大理山区的院落式居民之所以选择石墙，是因为当地的土壤中含砂量较高，黏性差，不易制作土墙。由此可见，自然环境依旧是决定建筑选材的一个重要因素。

"木"是传统建筑的灵魂。在传统营造中有"小木作"和"大木作"之分。"小木作"指的是门、窗、隔断、栏杆、外檐、楼梯、龛橱等辅助性和装饰性的木工技艺。而"大木作"则指的是柱、梁、枋、檩等承重构件，也就是屋架的组成部分。而在传统的院落式民居中，屋架的营造形式则主要分为"穿斗式"和"抬梁式"两种。其中，"穿斗式"屋架广泛流传于我国的南方地区，被视为中国南方地区的原生型木构架类型，在云南的院落式民居中也大量出现。云南地区的"穿斗式"屋架起源于原始的"干栏式"屋架，是湖泽周边的"干栏式"屋架向地面建筑演化的产物。[1]

"穿斗式"屋架的做法是：先沿着房屋的进深方向，按照檩条的数量对应着立柱。随后在每根柱子的顶端架设檩条，再在檩条上铺设椽子。屋面的荷载直接由檩条沿着柱子导入地面。而每排柱子之间则靠着穿透柱身的木枋来连接和固定，从而形成一榀完整的屋架。

3. 精雕细琢

在传统营造中，木雕是一门极其重要的技艺，其附着于建筑的各种构件之上，成为传统建筑文化中不可或缺的一部分。早在宋代的《营造法式》中，便将建筑雕刻的技法分为混雕、线雕、阴雕、剔雕和透雕等五大门类，并且按照建筑的营造等级，对于梁、柱、枋、

1　肖旻:《试论古建筑木构架类型在历史演进中的关系》,《华夏考古》, 2005 (1)：69。

檩、斗拱、雀替、门窗、栏杆等各个部分的雕刻形式和图案做出了相应的规定。而在院落式民居中，最为常见的木雕形式则是隔扇。

院落式民居的外墙是围护构件，墙体厚重，开窗少，因此采光和通风等需求往往通过内院的界面来完成，而木质的隔扇在此便发挥了重要的作用。隔扇一般包括隔扇门和隔扇窗，其基本形制是：上为隔心，中为绦环板，下为裙板，外部以框架固定。隔心又称之为花心或者棂心，民间一般以万字纹和菱花纹来组合排列并进行镂空雕刻。绦环板是连接隔心与裙板的构件，虽然面积较小，但往往是民居建筑中的雕刻重点，因各地的风俗和寓意不同，往往采用浮雕和线雕的手法来表现仙人、瑞兽、花鸟、宝器等吉祥图案。裙板位于隔扇的最下部，是一块面积较大的挡板，多以浅浮雕的形式来雕刻一些简单的花草或福寿图案，有的甚至直接以素板呈现，较为质朴。[1]

堂屋是院落式民居中最为重要的空间，其也是一个院落中木雕技艺的集中展现。在普通的民居中，除了对于堂屋的六扇门进行精雕细刻之外，雀替则是另一个需要表达的重点。雀替是建筑外檐与梁枋交接处的一种构件，一般对称出现在院落式民居堂屋外檐的檐柱上方。早期的雀替"原为从柱内伸出，承托额枋，有增大额枋樟子受剪断面及拉接额枋的作用"，[2]而后逐渐演化出装饰的意味。雀替一般是双面雕刻，采取浮雕或镂雕的方式来进行表达，在普通的民居中多以卷草纹或花鸟图案为主，偶有瑞兽或人物造型。

除了木雕之外，院落式民居中另一种常见的雕刻技艺便是石雕。"在传统民居中，石雕主要针对于台基、栏杆、踏步和建筑小品等构件

1　相关信息参见李骁健：《中国传统民居建筑装饰木雕艺术研究》，青岛理工大学硕士学位论文，2013年。

2　马炳坚：《中国古建筑木作营造技术》，北京：科学出版社，1991年版，第194页。

以及门前附设物如门枕石等的艺术处理"[1]。石柱础便是其中最为普遍的类型。柱础原为承受房屋立柱压力的垫基石，是旧时的工匠为了使木柱的底端不受潮，而在其下方垫的一块石墩，因其形状与鼓相似，因而又被称之为"抱鼓石"。现存的传统院落式民居多为明清时期的遗存，因而其柱础的制式和雕刻图案也颇有旧时的风韵。在云南民间，常见的柱础除了鼓形之外，还有瓶形、兽形和瓜锤形等样式，而雕刻手法则主要以浅浮雕为主，多表现为云纹或道教八宝一类的吉祥图案。

4. 营造仪式——以云南大理地区的白族院落式民居为例

云南大理地区的白族民居以院落式居多，这是中原汉文化与大理本土文化结合、演化和再创造的产物。在白族民居的营造过程中，仪式是一种不可或缺的文化表达。从选址、动土到建造中的每一阶段，直至最后的竣工和乔迁，仪式贯穿了营造的整个过程，是其中最富有人文内涵的一部分（图4-3）。

白族的院落式民居在建造之初首先需选择宅基地的位置，其理想的人居愿望是"靠山面水"，这也是传统观念中对于房屋选址的普适性认知。按照大理本地的民间规则，在破土动工之前，主人要带着一只狗和一只鸡，在其预选的宅基地上搭设简易的棚屋住上三天。在这三天之内，若是只闻狗吠而无鸡鸣，则表示此地是"哑地"，不利于人居；只有当鸡和狗的叫声都正常时，才能证明所选之地是"吉地"。

在选定了基地以后，便要对正房的朝向进行明确，这是颇为讲究的。房主会请来风水先生，并通过对时辰、方位、命数等方面的推演，最终确定出正房的轴线和朝向，另根据主人及其子女的生辰八字来测算出建造的具体时间。而风水先生所定下的这些方位和时辰，也都

1　徐自强：《古代石刻通论》，北京：紫禁城出版社，2002年版，第445页。

图4-3　/　大理白族合院式民居的营造

是房主和掌墨匠师[1]在随后的营造活动中所必须要严格遵守和执行的。

　　在开工奠基时要举行"动土仪式"。届时，风水先生会请房主家中的男性长者象征性地在基地上动锄挖土，行开工奠基礼：在那一天，人们会在正房中轴线的位置上敬香，并摆放祭品，以此来祭祀祖先。待吉时一到，家中的男性长者便会一边默念着"天无忌，地无忌，阴阳无忌百无忌，万事大吉利"的口诀，一边在风水先生的指导下，按照既定的方位开始挖土。随后便燃放鞭炮，以示庆祝。"动土仪式"寓意着房主已经将动工的消息禀报给了神灵和祖先，并祈求在

1　掌墨匠师是指在传统营造的活动中主持建设的"总工程师"，包括从勘察选址、规划设计、破土动工、掌墨放线、房屋起架、上梁封顶等一系列活动，都是其负责的范围。

随后的施工过程中一切平安、顺利。

在工匠们正式开工以前，还需举行"圆木架马"的仪式，这是一个专门用以祭祀祖师爷鲁班的仪式，由掌墨匠师来主持。首先，掌墨匠师会挑选一根笔直的圆木来作为正房堂屋中的主梁，并将其架设在一对木马之上。而后，工匠们会从这根圆木的端头处锯下一段圆木片，并在其上面书写"圆木大吉"的字样，并由掌墨匠师念"圆木大吉，开工大吉，鲁班师傅保佑一切顺利"的口诀以示加持，最后交予房主供奉。因为圆木象征着木神，所以从开工以后，直到房屋构架竖立起来的前一天，每日都要向圆木进行祭拜，以祈求祖师爷鲁班的保佑。

等到了房屋构架竖立起来的前一天，还有一个叫作"送木气"的仪式，这是与开工前的"圆木架马"仪式相对应的。所谓"送木气"，指的便是将"圆木架马"时切下的那块写着"圆木大吉"的木片在供奉了一段时日之后再奉送出门的一个仪式，也寓示着带走了家中的邪气，并保佑在房屋立架之后高空作业的匠人们平安。"送木气"多在夜晚举行。按照民间的规矩，房主家的人会严格遵照风水先生所测算出的方向，一直将那块圆木片送到有水的地方。其间，参与"送木气"的人一定都要小心谨慎，不能回头，也不能与路人交流。这可谓是整个建造过程中最富有诡秘气氛的一个仪式了。

"上红梁"的仪式在完成房屋立架之后举行。这也是整个营造活动中最为重要的仪式之一，其寓示着房屋的基本构架已经搭建完毕。所谓"红梁"指的便是"圆木架马"时所祭拜的那根主梁。在仪式开始之初，掌墨匠师首先会率领着众人对着"红梁"三跪九叩，并向祖师爷鲁班的牌位行礼，而后便开始给"梁柱开光"。给"梁柱开光"就是将公鸡鸡冠上的鲜血洒在"红梁"和几根主要的立柱上，此举也称之为"点梁"和"点柱"，是白族原始巫术的一种表现。随后，众人会合力将"红梁"提升到屋顶进行安装，并在其正中系上红绳。最后，掌墨匠师会向四面八方的人群抛撒糖果，即所谓的"破五方"，这也寓示着驱赶各路邪气，保佑房主一家幸福美满。

"上红梁"的仪式后，整个房屋的主体结构便搭建完成，随后就是安置门窗、铺设瓦顶、营造内院等细节性工种的实施了，而整个营造活动的最后一个步骤则是"合龙口"。所谓"合龙口"是指将碎银、铜钱、谷物、福纸等"宝器"封袋，并藏入屋脊正中，此举寓示着"旺家运"。"合龙口"的仪式通常在日落前举行，届时房主会邀请村里的亲朋好友前来围观。待一切准备就绪之后，掌墨匠师会带领着两个徒弟爬上屋脊，将事先准备好的"宝器"装入特制的小布袋里，藏入屋脊正中的缝隙，最后盖上筒瓦密封，并燃放鞭炮以示庆祝。而此时，众人也在房主的带领下，面向正房行叩拜之礼。随后，全家老少与匠人师傅和亲朋好友共进晚餐，至此，一幢白族院落式民居的营造便完成了。[1]

三　云南当代原生态院落式民居的现状及演化

1. 现状概述

如今，在云南的大部分原生态村落里，自发性建造的院落式民居按时间线大致分为三类：

其一是传统的院落式民居，依然保持着其固有形态。这种老房子

1　有关大理白族院落式民居的建造过程及仪式等内容信息，参见宾慧中著，《中国白族传统民居营造技艺》，上海：同济大学出版社，2011年版，第133—180页。

由土坯来砌筑外墙，木头的柱子和房梁搭建起整个屋架，房顶上铺设着整齐的小青瓦，正房和厢房的格局主次分明，或宽或窄的内院弥补了通风和采光的需求。但此类样本已逐渐消亡，存量日益稀少。

其二是随后出现的是以红砖或青砖为主体建造材料的院落，也称为砖混结构的院落。此类民居的修建大致起源于20世纪80年代。在过去的几十年里，黏土砖的烧造被广泛运用于房屋建设，并逐渐取代了原始的土坯，成了当时最为常见的砌块材料。砖混结构的院落在格局上依然保持了传统院落的格局与形制，但一些局部的建筑构件却已经逐渐被现代材料所取代。它们与传统院落有着共同的文化基因，可在风貌上却又有所区别，这是一种在时间上介于传统与现代之间的院落形式。

其三，即在当下的原生态村落中，框架结构的民居成为主流。这是一种颇具争议的建筑形式，但它们的出现和发展却也遵循着相应的社会规律和因果关系。大约在20世纪90年代中期，以钢筋和水泥为代表的现代建造材料开始由城市向乡村传播。相较于过去的土木建筑和砖混建筑，钢筋混凝土建筑拥有更加牢固的结构形式和更加灵活的开窗及采光选择，因此村落中那些经济相对富裕的家庭便会更加倾向于此类房屋的建造。刚开始的时候，村民们的意识形态依旧会在传统文化与现代技术之间寻求平衡点，他们既希望保留过去那种熟悉的生活方式，又渴望运用新的建造技术和建筑材料来打造自己的家园，于是便出现了钢筋混凝土民居的第一种形态；这种形态在格局上依然延续了天井与院落的主题，但混凝土、铝合金、瓷砖、石棉瓦以及玻璃等现代材料的大规模使用则完全有悖于传统建筑的风貌表达。

然而真正意义上的突变却是集中发生在近20年左右。城镇化进程带给乡村的不仅是物质层面的改变，还有精神和意识层面的颠覆。2000年以后，乡村中大部分的中青年开始进入城市，在城市中他们体验和感受到了现代文明所带来的生活方式的蜕变。而当他们带着财富和见识再次返回乡村时，一种更接近于"城市楼房"的新建民居形式便开始在乡村中蔓延开来，这也是钢筋混凝土民居的第二种形态，一种彻底摒弃了传统布局形式和内院天井的形态。这种形态的民居完全由钢筋和水泥来建造，它们拥有豆腐块一样的敦实体量，平屋顶，高楼层，甚至还配套有底层商铺和室内车库。虽然这种全新的建筑形式与传统院落式民居格格不入，但它们之间的演化关系值得深思（图4-4）。

图4-4 / 1.玉溪市澄江县洪家冲村　2.昆明市安宁区白甸村

2. "院落"的消失和"方盒子"的崛起

按照时间跨度和建造技术的迭代来区分，云南的原生态院落式民居总体可分为传统民居和现代民居两大类。传统民居的风貌具有极强的地域性特征，并且在聚落布局、建筑构造和建筑装饰等层面均反映了云南各个地区不同的自然环境与文化差异。但现代民居的情况则正好相反，无论是滇西北的高原地区，还是滇南的谷地，如今的新建民居在风貌上都有着惊人的相似之处，其共性特征可概括为以下几点：

建筑形式：整体的建筑形式类似于"方盒子"，通常是平屋顶，并且大多在顶层或局部退台的平面上有所加建。加建的部分多以轻钢结构作为支撑，以彩钢夹芯板或空心砖等轻质材料作为简易的围护构件，并以石棉瓦或彩钢瓦搭建屋面。

结构与围护体系：大多数现代民居采用了以钢筋混凝土梁柱为主的框架结构来建造，而墙体则多选用黏土砖、免烧砖和加气混凝土砌块等填充材料。

外立面和门窗：建筑的外立面通常在入户的正立面会有所粉饰或进行瓷砖贴面，侧立面和背立面则大多直接以混凝土界面示人。门窗则多选用模式化的铝合金、塑钢或铁艺门窗。

院落：地处城市外围的远郊乡村，且建筑层高能够控制在3—4层以内的民居，大多仍保留了宽敞的院落这一特征；但类似于"城中村"这样的地处城市内部的原生态聚落，因为土地价值剧增，且丧失了农耕诉求，因此其建筑层高往往在6—8层，所以大部分"城中村"内部的民居，其院落已经退化为狭小而深邃的天井，或是彻底消失殆尽。

还有一部分原生态民居介于传统民居和现代民居之间，正好记录了演化的进程性：有的在建筑形式上大致保持着传统特征，但局部门窗和隔墙等却已经被替换成了现代材料；有的院落中虽然还有一部分传统民居的片段尚存，但新建房屋却已经是典型的现代民居了，两种类型共存。总体而言，原生态民居呈现出了由传统民居向着现代民居积极演化的趋势，而推动这种演化的内因，却无一例外是非常客观的。

首先是技术的原因。框架结构以其坚固稳定且布局灵活的优势进而取代传统的土木结构，这种趋势是毋庸置疑的。譬如，因为框架结构的诸多优良秉性，使得民居在层数和建筑高度上有了突破。此外，在框架结构的体系中，开窗的自由度得到了极大的发挥，再加上对于玻璃等现代材料的运用，所以现代民居的室内采光便不再像传统民居那样受到构造体系的限制。再者，拥有女儿墙和雨落管等设施的平屋顶既能够有组织排水，又可以通过上人屋顶的设计来增加建筑的露天空间。如此一来，云南大部分地区传统院落式民居中的坡屋顶便丧失了其功能意义；而对于建筑采光、通风和晾晒等起主要作用的院落天井，也因此在功能上被弱化了很多。进一步说，因为现代建造技术的优越性足以应对不同地区的人居环境问题，因此，传统院落式民居中那些为了应对各类地域环境所衍生出来的丰富多样的建筑形式便逐渐消失了，最终都趋于以类似"方盒子"的状态来呈现。

其次是经济原因。在经济学中有一个概念叫作"资源匹配"，其描述了一种事物的流行是和当时社会上的各种资源相互链接、相互契合、相互作用的结果。[1]随着时代的发展和建筑技术的更新迭代，工业化建筑材料的生产方式因其高效、量产、模数化和可复制等因素，性价比远高于传统的建筑材料和施工工艺。并且由于交通网络的发达和当今高效的运输能力，致使采用现代化建筑材料来修建的新民居无论是在成本控制还是施工的便利性等层面，其优势都远高于传统的木作、石作、泥作和瓦作等建造方式。

由此可见，原生态院落式民居的演化主要是建筑技术和资源匹配的共同结果，这也说明了云南本土的现代民居之所以从"院落式"逐渐向"方盒子"演化，其生成逻辑背后有着客观的因果规律。

---

1 〔美〕马克·莱文森：《集装箱改变世界》，姜文波译，北京：机械工业出版社，2008年版。

3."方盒子"的最终形态：城中村

所谓城中村，实则是一种生长于城市规划区内但又并未完成向城市转型的原生态乡村聚落。在云南，城中村随处可见。自从20世纪70年代末的改革开放以来，随着工业化进程的推进和城市扩张，地处城乡接合部的原生态乡村也开始了一系列社会经济层面的演化。

首先是与土地政策相关的问题。中国的土地制度是城乡二元结构，与其相对应的是不同的产权制度。《中华人民共和国土地管理法》中规定了城市的土地均为国有，而农村的土地则是一种集体用地。但因为城市的蔓延，这些临近城市周边的村落逐渐被城市所包裹，于是那些在政策上并不属于城市的建筑用地却因此拥有了城市土地的地缘优势和社会功能，这就为城中村的形成奠定了社会经济学层面的基础。

其次是城市扩张所带来的契机。城中村的前身原本只是普通的传统乡村，但随着城市用地的拓展，其周边村镇的农业用地逐渐被城市征用为居住区或者工业开发区，道路、供电、燃气和供水等市政基础设施的引入，不断向乡村延伸，工商业和地租收益逐渐取代了传统的农耕种植，此时村民的生活方式已经开始被工业化和城市文明所浸润，其自建房的形态也摒弃了原有农耕文化时期的功能布局，无论是在材料、构造、施工工艺或是建筑风貌上，均自发地转向了更富有城市倾向性的意味，即便这种意味并不完全被城市文明所接受，却构成了城中村建筑的雏形。

城中村建筑最初的状态和如今失衡的建筑风貌相比，有着一个重要的差别，那就是尺度。村民们最初的用意仅仅是摒弃农耕时代的建房体系，而后借助城市建筑的构造工艺来重建自己的居所，并适当增加一些商业租赁的空间。因此，新建之初的城中村建筑多为2—3层，且大多保留着"院落"这一基本属性，其整个聚落的容积率依然可以维持在2:1左右，并未彻底失衡。可后来的形势发展却导致了建筑高度的剧增，这也打破了城中村建筑在尺度和比例上的平衡（图4-5）。

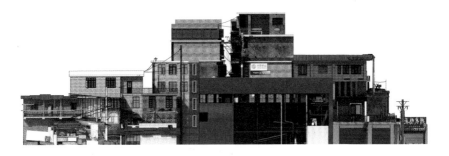

图4-5 ／ 昆明市小厂村内丰富多样的业态和建筑形式

城中村虽然地处城市，却又有别于城市用地的政策属性，从而无法真正参与到城市的土地经济循环中来，也无法得到城市经济和公共服务的完全认同，这就使得它的价值成本相较于其他城市土地会低很多。虽然城中村的存在无法得到城市的真正认同，但这种廉价的、非正规的土地空间，对于外来流动人口而言却提供了一个低成本的过渡性居所，这也正好契合了类似于农民工这样低收入城市移民的特点，因此城中村内的聚居人口开始逐渐增多。如此一来，原本2—3层的城中村建筑便无法再容纳与日俱增的外来租客，于是在出租收益的诱惑下，建筑加高和扩建的行为此起彼伏。增加的建筑尺度打破了原有村落的空间平衡，原本仅能与低层建筑相匹配的街巷和道路，在如今更高的建筑体量中显得异常拥堵，而随着建筑容积率与人口密度的增加，村内的公共配套设施明显地不足，消防、医疗、治安等问题也尤为突出。正是因为城市的发展和城市文明的侵入，以及城乡二元结构中的土地政策，还有外来移民对于廉价居住空间的需求等诸多因素，使得原本普通的传统农耕聚落在社会的变迁中形成了如今拥挤而嘈杂的城中村。

四　设计与引导：云南当代院落式民居的未来

1. 浅析当下的设计改造策略

当前的主流评价体系对于原生态院落式民居的现状并不乐观，因此才产生了如今针对于各类原生态聚落所进行的风貌整治和设计改造等措施。总体而言，这些措施可分为以下两类：

第一类措施是对原生态聚落中的建筑群所进行的整体风貌整治，其常见于各类村落的"保护与发展规划"或"旅游规划"中。这样的整治大多以每一个地区中传统民居的建筑风貌作为参考，对其中的传统元素进行提取，并分门别类地编制出相应的改造导则，而后将其作用于那些现代民居的立面上，期望以此来完成整个村落中风貌的统一。此类措施的初衷是将现代民居从风貌上恢复到传统民居的样式。这样的措施针对于建筑层高仍控制在2—3层以内的现代民居还是颇有成效的，但对于3层以上的对象，层高越高，其最终的成果则越不理想。究其原因，那是由于从传统民居中提取出来的建筑元素，譬如门窗形式和大小，以及屋顶坡度比例等，那都是和传统民居的原有尺度相匹配的，且这些元素的比例在原本仅有1—2层的传统民居中大多与其构造之间存在着紧密的逻辑关系。可当它们被简单地复制到现代民居的外立面上，以装饰元素来呈现时，那些原本存在于传统民居上的建

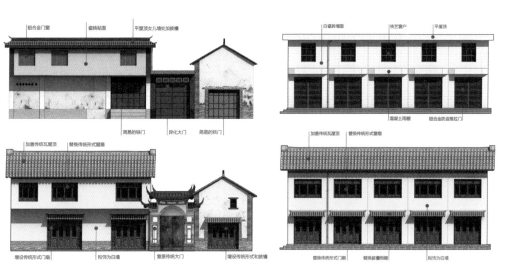

图4-6 / 大理州凤羽县地区的乡村建筑外立面风貌改造设计

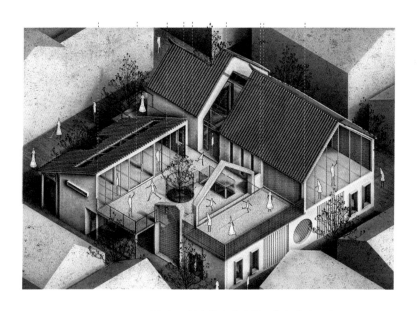

图4-7 / 昆明市海晏村中的院落式民居节点改造设计

构逻辑便不复存在了，使其仅仅成为一种附属物，并最终与现代民居自身的建构逻辑产生了矛盾，从而导致了比例和尺度上的失衡（图4-7）。

第二类措施是"节点式设计"，这也是建筑师们所进行的作品化表达。所谓"节点式设计"常常会在原生态聚落中选择某些特定的公共建筑或开放式场所来呈现，譬如村民活动中心、村落博物馆、乡村书院、特色民宿等。其设计手法大多会反映出对于传统建筑形式和传统材料的尊重，但又会结合一些现代设计的表现方式，最终运用精致的施工技艺呈现出一个集传统美学与现代舒适性相结合的作品来。"节点式设计"的初衷是通过在原生态聚落中的某些重要节点上注入一种优质的"设计源"，以此来引导居民们的建筑审美，并期望他们能够自主地模仿和学习，最终潜移默化地来完成现代民居的风貌优化。譬如，云南艺术学院乡村实践工作群在昆明的海晏村（图4-7）和大理的祷告村（图4-8）所进行的设计尝试便属于此类措施。这种措施颇有教化的意义和理想化的色彩，而最终落成的精美建筑往往也会成为原生态聚落中的一张名片，且相对于第一类措施那种大规模的"穿衣戴帽"工程[1]，"节点式设计"更为小巧和精致，并在理论上能够逻辑自洽，因此得到了当前的主流认可。

但值得反思的是，如果以上的两种措施在现实中有所成效的话，那么在这些措施所推行的近20年来，云南的原生态聚落在其自然演化的趋势上就应该有所改变才对，哪怕这种改变只是局部的。但事实上，除了政策性干预的某些特定区域以外，大多数原生态聚落依然固执地保持着自己原有的演化方向，并未过多地受现行改造措施的影

---

1 泛指当下乡村建设中出现的一种改造模式，通过将传统符号简单地进行粉饰和堆砌，希望以此来复原乡村的传统风貌。这种模式因为粗狂和流于表面，所以被社会大众所广为诟病，比喻为"穿衣戴帽"工程。

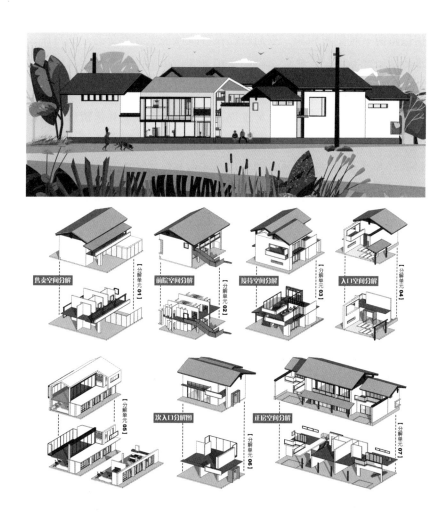

图4-8 / 大理州洱源县的院落式民居节点改造设计

响。这个现象引人深思。

　　反观上述的两类措施，可以发现一个共性：那就是对于传统建筑形式和符号的效仿与借鉴，一直贯穿于整个改造和设计理念之中。究其原因，这其实是当下主流的评价体系对于以乡村为代表的原生态聚落保持着一种刻板印象，故而始终在传统风貌上有所坚持。那为什么主流的审美角度一定要在乡村的风貌上坚持传统呢？这或许得回归到经典审美与民间意愿的探讨上来。

纵观整个中国建筑史便可发现，传统的建造技艺和建筑形式历经了数千年的发展，早已自上而下地在国人的意识形态中成为一个文化符号，并升华为一种经典审美。但如今包括云南在内的全国范围内大量出现的原生态现代民居，其本质上却是由西方工业文明的舶来品所演化而来的，是现代主义的产物。就像前文所探讨的，民间之所以会选择现代民居的建筑形式完全是出于对建筑技术和资源匹配的考虑，是以功能和经济为主要导向的，是一种民间意愿。而这种"民间意愿"也有其理论基础：譬如结构理性主义的代表人物奥古斯特·舒瓦齐（Frangois Auguste Choisy）在其1899年的著作《建筑史》（*Histoire de lachieture*）中便有这样的观点："建筑的本质是建造，所有风格的变化仅仅是技术发展合乎逻辑的结果。"此外，近年来清华大学的建筑学博士徐腾在著名的知识分享类栏目《一席》第57期的演讲中，曾有这样一段表述："经典文化为什么让大家觉得是高大上的？是因为它是统治阶级创造出来的文化，并加由政治强行地去推广，它就有一个法理上的正统性。但是民间其实有自己的一套系统。"综合审视上述的两个观点便可以看出：民间意愿在有关建造的选择上更倾向于技术和经济的适用性，而经典审美则是自上而下的，其更关注的是艺术性和文化性，而这便是整个问题的矛盾所在。

2. 借鉴与探索：设计引导的新思路

综合上述的各种分析和推演，可以发现一些病结所在：首先，如今的现代民居以民间意愿为出发点，对于类似"方盒子"这样的建筑形式非常坚持，但是这种坚持的结果所呈现出来的实际状态，就客观而言较为粗犷和杂乱，在风貌上缺乏美学意义，因而难以被主流所认同。其次，主流的评价体系所倡导的传统美学，其出发点是艺术性和文化性，但从技术性和经济性的角度来看，却又和现代民居的意愿相违背。因此，产生了一个悖论！其实，要解决这个矛盾的核心在于，能否让现代民居在建筑形式和风貌上得到更为准确的定位，并予以优化，所以，思考的焦点还是应该回归到现代民居的本质上来。

就像前文中所探讨的那样，当前在云南乃至全中国所出现的现代民居，其本质实则源自西方的工业文明。因此，如果要从美学意义上对其进行优化，那便应该遵循现代主义建筑的形式逻辑，而不应该再在其基础上固守中国传统建筑美学的符号化表象。这其中蕴含着以下两个层面的解析：

首先要明确现代民居和现代主义建筑之间的传承及演化关系。众所周知，现代主义建筑起源于19世纪后期，盛行于20世纪，其主张建筑师要摆脱传统建筑形式的束缚，创作适用于工业化社会条件的建筑，因此具有鲜明的理性主义色彩。1926年，现代主义大师勒·柯布西耶（Le Corbusie）提出了著名的"现代建筑五要素"，从而奠定了此类建筑最为基本的形式逻辑。"现代建筑五要素"包括自由平面、自由立面、水平长窗、底层架空柱和屋顶花园，虽然从字面上来看都是一些有关建筑形式的内容，但其本质始终离不开"钢筋混凝土框架结构"这样的技术内核，而这便是工业文明的成果。[1]现代主义的建筑

1 　胡鑫：《浅谈勒·柯布西耶现代建筑五要素的形成》，《城市地理》2016（2）。

思潮在传入我国以后，因其高效、便利、模数化、可复制等特点，迅速得到了社会推广，并逐渐由城市向乡村蔓延。因此，在现代民居中所呈现的自由平面、自由立面、自由开窗、架空内院入口或底层临街商铺，以及上人平屋顶或屋顶退台等形式特点，其技术核心也都来自钢筋混凝土框架结构，这本质上是现代建筑五要素在中国乡村的传承和地域性演化。

其次要探讨的是如今的民间意愿为什么会倾向于选择现代主义建筑形式？正如前文所述，民间意愿的选择是基于技术性和经济性的，这是一种从功能出发的导向。与经典审美注重文化性和艺术性这类被提炼和升华之后的主观事物不同，民间意愿因其社会层级的属性，将更加侧重于客观和务实的功能性选择。其实，从历史的角度来看，传统的建筑形式也只不过是旧时的民间意愿针对于当时的技术和资源匹配状况所做出的客观选择而已，只是这种选择在后来漫长的时间周期中被升华为一种文化符号罢了。因此，并非民间意愿在主观上一定要倾向于现代主义建筑形式，而是现代主义建筑形式在当今的社会和经济环境中恰好吻合了民间意愿，因此得以在现代民居中普及和呈现。

在理解了上述的逻辑和因果关系以后，又该如何来对当下的原生态民居进行合理的设计引导呢？其实，现实中的一些案例已经给出了方向。譬如，以意大利著名的世界文化遗产五渔村为例，这个滨海的景区其本质上就是一处现代民居的聚落。五渔村从格局上来看充满着自由意志，建筑多为村民的自建房，以"方盒子"形式为主，建筑密度极高，且建筑高度通常在4—6层，就其表象而言和我国的很多高密度"城中村"非常相似。但五渔村在旅游特色上却遵从于这种现状，并没有刻意去还原欧洲的古典主义，而是就在其基础上通过环境优化和色彩优化等顺势而为的手法，凸显了聚落本身的特质，并取得了成功。

　　而这种顺势而为的设计引导和改造思路，近年来也逐步在我国的村落实践中有了试点：譬如深圳市大梅沙村中的"欲望之屋"和广州市南坑村中的"闺蜜养老房"，其改造对象原本都是村中的"方盒子"自建房。设计师们在对于此类建筑进行改造时，均摒弃了还原传统建筑符号的观念，而是遵循其形式现状，且最大程度地保留其建构特征，最终以现代建筑美学的手法来予以优化。

　　从上述案例的呈现效果可以看出，在保留现代民居现状形式的前提下，运用现代设计的手法来予以优化处理，其成效是颇为明显的。这样的改造不需要过多的装饰符号赘加，优化手段顺应着建筑本身的建构和功能逻辑，其出发点完全遵循民间意愿，但又能在美学价值上达到相应的社会认同，这或许是一个值得乡建设计者去探索和思考的方向。

　　基于这种思路，云南艺术学院乡村实践工作群的师生们在对安宁市白甸村的原生态院落式民居进行改造时，也得到了较好的效果。

五　一种设计尝试：云南原生态院落式民居中的"原型"与"变型"

1. 从"原型"到"变型"：传统院落式民居中的格局演变

　　院落式民居也被称之为"合院式民居"，是中国传统民居中最为重要的一类民居形式。院落式民居最早起源于黄河流域的汉文化地区，而后随着汉族的迁徙与流动，这种民居形式也逐渐在长江流域、珠江流域、东北和西北地区及西南边疆等地传播开来，并在这些地区产生了地域性的自我演化。诸如云南滇中地区的"一颗印"和滇西北地区的"三坊一照壁"，及"四合五天井"等民居形式，便正是这样的一种表达。

方正的"三合院"或"四合院"是院落式民居的基本单元。在一幢典型的院落式民居中，建筑的格局总会以一种严谨的秩序来展开：首先是院落的总体布局讲究中轴对称；而后是位于院落中央的天井以及正对着天井的堂屋等所构成的核心空间；最后才是在院落两侧左右对称的厢房。这种充斥着等级观念的布局模式形成了院落式民居的核心，而这种核心也是我们所要探讨的院落式民居的"原型"。

院落式民居的"原型"布局背后蕴含着一系列与社会人文相关的因果联系，也正是由于这些宗法和礼教等传统观念融合到了民居建筑的营造之中，才逐渐使人们对于传统院落的布局产生了一种理想化的期待。譬如以云南滇中地区的"一颗印"民居为例："一颗印"的院落较为封闭，但内院里却以天井为中心，家长的住屋居中、供奉祖先牌位的堂屋居中，其余房间围绕着院子进行向心性的组合。这样的构成方式原本就是传统文化中"宗法家长制"在建筑营造上的体现。而在这种宗法和礼教观念的影响下，由"天井""正房""厢房"和"倒座"等空间要素所构建的中轴对称式布局，便进一步强化出了一种非常周正且工整的固定形式来。概括起来，这种周正的形式包含着以下的两个要素：

首先是"居中"和"向心"。在院落式民居中，正房的堂屋里供奉着祖先的牌位，而各类家庭议事和集会也选择在堂屋里举行，因此堂屋是一个非常严肃的场所，在功能上具备了一定的纪念性和仪式感，理应占据院落中的核心位置。此外，在封闭的院落空间中，天井的物理作用包含着通风、采光、排水等实用性功能，但也正是因为这些功能是通用性和普适性的，因此天井才会被设置在院落的中央，以满足内院中所有建筑体量的共同需求。久而久之，天井在实用功能以外也衍生出了一定的文化内涵来：譬如在"一颗印"的建筑中，坡屋顶的向内排水便被赋予了"四水归堂"的寓意。这一切也使得天井无论是在物理层面还是精神层面，都成为院落式民居中最为重要的一个向心空间。

其次是"等级观"。院落式民居中的人居秩序，讲究"尊卑有序"。堂屋两侧的房间多为主人与老人所居住，而子嗣们则按照年龄大小依次居住在左右两侧的厢房之中。正房进深最长、屋脊最高，室内地坪也较其他建筑体量高出不少。而厢房则左右相对，进深与高度也较正房缩小了一些。若有倒座，那么其建筑体量便会再弱化一些，

图4-9 / 云南传统院落式民居中的各类经典"原型"布局

置于院落的入口处，与正房相对。如此一来，院落中几乎所有的建筑体量在排布上都遵循着高低大小之分，而这种明显的主从序列也带来了"递进"和"对称"等形式逻辑的呈现。[1]

因此，传统的文化观和社会规律促使了院落式民居在营造时更为倾向于"居中""向心""递进"和"对称"的表达，而当这些表达综合作用于建筑的具象图形时，便呈现出了一个方正、对称且主次分明的格局来，而这也是院落式民居最为理想化的"原型"（图4-9）。

2. "原型"的演变：传统院落式民居中的"变型"

"原型"是院落式民居中理想化的建筑布局型，几乎每一个传统的居住合院在营造之初都会以工整和对称的构图和布局来作为目标。但在现实中这样的机会其实并不常见。由于用地限制的影响、居住人群的变迁、不同家庭的不同诉求、产业结构的转换等因素的介入，致使大部分民居院落不得不在形态上发生相应的演化，并以此来平衡自然环境和社会环境的改变所带来的影响，而这也是"变型"在院落式民居中产生的原因。

在传统的院落式民居中，从"原型"到"变型"的转化并不是颠覆式和断裂式的，而总是以一种不得已的姿态来对原本固有的特征进行保留（图4-10）。譬如在滇中的"一颗印"民居聚落中，常常可以看到一种被称之为"半颗印"的院落，这种院落在布局上，依然严格地遵循着轴线的工整、正房的突出、厢房的从属和天井的通透等"原型"的特征，但却由于用地范围的局限，所以在修建时不得不割舍掉

---

1 王莉莉：《云南民族聚落空间解析：以三个典型村落为例》，武汉大学博士学位论文，2010年。

图4-10　/　在传统的院落式民居中由"原型"到"变型"的转化示意

某一侧的厢房，进而演化为一种只有半个院子的"变型"来。

　　还有一类院落，它们所处的地块并不平坦，也不方正。要么是修建在蜿蜒曲折的坡地上，要么是修建在毫不规则的聚落夹缝当中。这样的地块虽然会演化出一种极其自由且充满生长欲望的"变型"式院落来，但其实在这类"变型"的布局当中，依然可以找到"原型"的影子。譬如在一块并不规整的地块中，建造者首先会设法在相对完整的范围内将正房和天井这样的核心系统，尽可能地依照中轴对称的关系来安置，而余下的厢房和其他不太重要的附属房间，如厨房、圈舍等，则根据地块边角上那些不规则的区域来进行灵活处理。

　　再者，类似于传统社会中的"分家""改行"或"房屋租赁"等社会因素，也会促使一些"原型"院落向"变型"式院落进行转化。譬如在云南大理凤羽地区的山地上，就存在着一些拥有多幢正房的民居院落：两幢或三幢正房共用并围合出一个天井来，形成核心场所。厢房、柴棚和圈舍等，却退居于一些边角空间，显得相对随意（图4-11）。每一幢正房和天井似乎都在刻意保持着各自的轴线对应，努力地维持着"原型"的部分特征。但若是从整个院落的布局来看，这样的组合方式却早已突破了方正、工整和对称的理想构图，演化成了一种相对灵活的"变型"。究其原因，这便是由于院落里原本的家族成员进行过分家，而后新增家庭又在原址上盖起了新的正房，新房的修建挤占了原本就很局促的空间，因此才促成了这样的现状。除了分家的因素以外，有的临街院落会将其局部空间改造为商铺，有的院落中既可以住人又兼具加工作坊的功能。这一些由于社会和业态因素所带来的改变，都会打破原本理想化的营造意愿，从而使一个院落从"原型"转化为"变型"。

因此，在传统的院落式民居中，"变型"其实只是"原型"的一种环境性适应和改变。只有在明确了这种演变逻辑以后，才能对当代乡土住宅的设计进行客观的探讨。

3. 城市化的新农村户型设计：当代乡土住宅的困局

当代中国的新乡土住宅面临着一系列的问题。首先是由于城镇化的进程，以及建筑技术和建筑材料的迭代，导致原生的新乡土住宅大规模地向城市建筑进行简单而粗犷的模仿，逐渐丧失了地域性的传统风貌。其次，城市文明和当下的规划设计方针在面临上述问题的时候，往往是根据城市建设的规则与经验来应对，但其结果却并不理想。

当下的规划体系在对原生的乡土聚落进行规划设计和建筑风貌整治的时候，都会有一个重要的环节，那便是新民居户型的设计。通常而言，建筑师们在进行此类设计的时候会以面积大小为参考，预设出各类户型的规模来，而后再依次完成每一个户型的独立设计。譬如，在对云南大理祥云地区的新农村户型进行设计的时候，便首先预设了 $150m^2$、$180m^2$、$200m^2$ 和 $240m^2$ 四种户型的需求。此外，设计师们还根

图4-11 / 云南大理凤羽山区的各类"变型"式院落

据大理地区的旅游优势，特意为其中的一些户型增加了对外商铺和接待标间等，以凸显其民宿的功能（图4-12）。

按照设计师们的意愿，各种大小和各种功能的户型，可以满足村落里各类家庭的不同需求。此外，在对院落里的房间进行布局时，设计师们也力求规矩和方正，无论是堂屋和天井的轴线关系，还是两侧厢房的对称，都尽量依照着传统民居的经典形式来予以呈现，再加上建筑外观和风貌上对于白族民居特色的地域化表达。按道理说，这样的新民居设

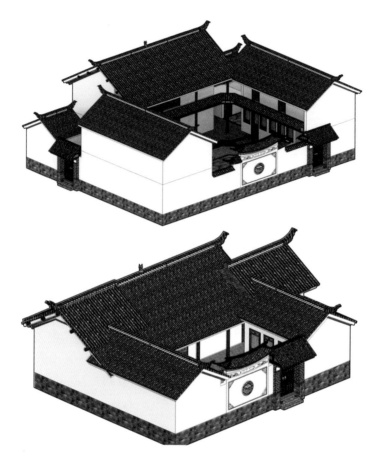

图4-12 / 云南大理祥云地区的新农村户型设计案例

计无论是从功能布局，还是在文化提炼等方面，都对传统民居中的经典
形式有所考虑，理应是一次较为完善的设计。但事实并非如此。

　　在进行实际操作的时候，村落里的居民们其实很难根据设计师们
所预设的户型规模和户型样式来进行自家的民居建造。首先是因为村
落里每个家庭的人居状况远比设计们所预想的要复杂；其次，最为关

键的问题在于，各家各户的宅基地大小不一、形状各异，几乎很难用几种经典的预设户型来概括。

　　究其原因，设计师们所精心设计的预设户型，其实大都是根据传统院落式民居中的经典"原型"来进行创作的。但在村落的实际情况中，真正意义上的院落"原型"只是一种理想化的状态，而"变型"才是运用最为广泛和需求最多的布局形式。并且，预设户型本身就是一种城市化的设计手法，很难在原生的乡村聚落中得以推广。因此，在大多数的乡村规划中，设计师们精心创作的预设户型，其实很少在原有的聚落肌理中有所呈现。大多数情况下，设计师们只能在原有的聚落肌理以外重新规划一片空旷的新村用地，然后在那里按照城市规划中别墅区的模样来安置这些本应属于乡村的新民居。这便是一个困局。

4. 模块化理念：针对当代乡土住宅中的"变型"所进行的设计

　　"模块化"是一种颇有历史渊源的设计理念，也是一种能够解决复杂问题的方法论。在特定的项目背景和设计环境中，为了能够应对数量庞大，且种类繁多的设计对象，有时候设计师们其实并不需要对每一个设计产品都逐一进行单独的操作，而是可以通过精心设计出多种模块，并经由不同的方式来进行组合，最终解决产品的多样性与设计周期和设计成本之间的矛盾。这就是模块化设计的基本定义。在现代设计的范畴中，对于"模块化"概念的运用最早起源于20世纪20年代左右的机械制造领域，而后逐渐向其他领域渗透，在计算机、工业设计和建筑设计等领域均有所发展。[1]

　　模块化设计的核心其实是要解决"标准化"与"非标准化"之间的

1　〔美〕鲍德温:《设计规则：模块化的力量》，张传良译，北京：中信出版社，2006年。

转化问题，而这种思路恰好与"原型"和"变型"的话题不谋而合。因此，借用模块化设计的原理来对当代乡土住宅的营造模式进行探讨，便成为一种可能。院落式民居中的"原型"是一种理想化的经典布局，也是在进行模块化设计时所必须考虑的重要因素之一。在设计师的构想中，当代乡土住宅的基本模块，便正是来源于对这一经典布局的解构。

以云南大理凤羽地区的试点规划为例。在此次规划实践中，建筑师们通过对凤羽地区的白族院落式民居进行调研和解析之后，首先设计出了一个标准化的新民居"原型"。这个新民居的"原型"由框架结构来搭建，在格局上遵循了白族院落"三坊一照壁"的经典布局。此外，新民居院落中的每一幢建筑均在大体的形式和尺度上尽量与凤羽地区的白族传统民居相协调：在坡屋顶以及屋脊的收口和起翘方式，堂屋正立面的造型样式，入院大门和照壁的砌筑形式等方面，都尽量还原了凤羽地区的传统风貌。但在建筑的内部功能和一些局部造型上有所改进：譬如在主要的卧室中增加了自带的卫生间；厢房中的空间也被划分得更加规整，且预设了卫生间的位置，具备了改造成为民宿的可能；厨房和餐厅被独立设置；某些墙面开窗，呈现出了现代化的简洁和明快；二层的局部增设了屋顶平台，更有利于起居和晾晒。这一系列的改进措施，使得新民居院落中的建筑空间兼具了传统风貌和现代化的生活品质，且每一个部分都相对独立，而这也为下一步的"院落解构"和"院落重组"奠定了基础（图4-13）。

尽管上述院落式新民居的"原型"已经尽可能地囊括了大理凤羽地区的诸多建筑要素，并在人居环境的改善和业态更新等方面有所考虑，但若要将这一整套新的营造法则落实到具体的每一个地块上，则还需要对上述院落式新民居的"原型"进行模块化的拆分，这也就是所谓的"院落解构"。

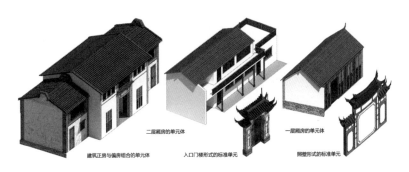

建筑正房与偏房组合的单元体　　入口门楼形式的标准单元　　一层厢房的单元体　　照壁形式的标准单元

二层厢房的单元体

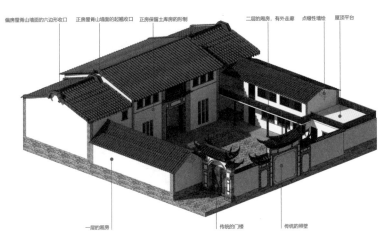

偏房屋脊山墙面的六边形收口　　正房屋脊山墙面的起翘收口　　正房保留土库房的形制　　二层的厢房，有外走廊　　点缀性墙绘　　屋顶平台

一层的厢房　　传统的门楼　　传统的照壁

图4-13 / 云南大理凤羽地区的新民居院落"原型"以及基本模块的分解

　　按照设计师的构想，这个完整的院落"原型"可以被拆分为五个核心模块，分别是完整的正房、两层高的右厢房、一层高的左厢房、入院大门和照壁。在这五个模块中，建筑物的尺度和形式逻辑是相对独立且恒定的。此外还有一些附属的构件，诸如连廊、楼梯、平台、外墙或圈舍等，则相对自由，只要在风貌上能够协调便可以灵活运用（图4-14）。

图4-14 / 模块化院落的解构与组合：满足各种自由地块的"变形"布局需求

当所有的模块和建构要素都预设完善以后，便可以开始根据不同的地块需求来进行模块的选择，并最终进行"院落重组"。在重新组建各类院落的过程中，首先会选择每一个地块上相对完整的空间来放置正房模块；而后会顺势而为，以正房模块的朝向为参照，在其左右两侧安置厢房模块；余下的模块则根据地块的边界来灵活处理。但值得一提的是，有的地块尺度特别宽大或特别狭长，不可能仅用一套院落系统就能予以概括。此时，首先便需要化整为零，对地块进行多个院落的布局和规划，而后再在各自的小地块中择优选择模块，进行"院落重组"。其结果便呈现出了与传统民居相似的多进院落和组合式院落。这也是院落的"变型"在新民居设计和营造中的体现。

六 小结

总体而言，从基于"原生性"的探讨，到"模块化设计"的引入，其本质上都是在现代设计的语境中来寻求乡村民居自发性建造的可能。研究"传统民居"到"当代民居"的演化关系，并对当下的种种设计策略进行反思，其目的在于客观地了解其内生动力。因为"设计介入"不应该是一种主观的干预性行为，而是应该为乡村的"原生性决策"留有余地。所以，只有当乡村居民的自发性得以尊重，基础条件得以提升，文化风貌得以传续的时候，乡村的群体环境才真正意义上得到了改善。因此，以云南原生性民居的演化机制为基础的设计实践研究，既是一种探索，也充满了辩证和反思。而这种具备科学发展观的视野，对于"传统村落保护与发展研究"而言，则是客观和理性的。

第五章

文化重塑视野下公共艺术介入

云南传统村落保护发展中的实践

笔者对当今不断变化与拓展的公共艺术进行理解与阐述，分析目前国内外艺术介入乡建的困局。站在文化重塑的视角下，关注公共艺术介入云南传统村落保护发展中的典型案例，剖析为应对不同乡村文化特质所进行的有针对性的公共艺术实践。重塑文化观念，探索传统文化的存续与继承，如何实现文化自信自觉、如何调动村民主体性内动力、如何营造文化空间、如何重塑文化秩序，推进可持续发展的文化生态修复是本文的重点所在。

　　随着我国乡村建设向城镇化的飞速转变，为响应我国乡村振兴建设，在更多的农村公共空间中打造文化品牌，引领乡村建设的美丽新时代。国家出台"美丽乡村""乡村振兴"等政策，城乡文化越来越趋同，乡村面貌大大改善。然而，乡村文化是中华民族文明的根源与载体，在地文化的消失必将打破社会的平衡发展而使乡村建设陷入迷茫。因此"乡村+艺术"的概念，成为乡村建设潮流中独具魅力的建设形式，体现出无尽的艺术智慧。

在当代媒介技术蓬勃发展、全球文化趋同的大环境下，乡土社会正处于转型期。"没有设计师的乡村环境建设"，时时召唤着艺术建设者们的投入，以扭转村落和建筑更新中的品位滑坡。作为艺术传播者，我们更应关注乡村的人文环境与其传承下来的村落肌理，让艺术回归生活，如同土地里生长出来绿色生命那般，形成乡村特有的、有机的生活美学。立足于在地环境，关注乡土文化的传承与传播，重塑村落自有的家园意识，促进乡村振兴建设的良性发展，是当代文化发展中不应忽视的重要方面。

艺术介入云南传统村落保护发展，其关注点不是艺术本身的创作，也无关艺术审美范畴，而是将艺术作为设计载体，重塑人与人、人与空间、人与文化的关联，修复云南传统村落的民俗、礼仪、秩序与自信，激发不同实践人群的自主性、积极性、参与性，从而凝聚为新的创造力。

一　公共艺术的源流

公共艺术，是艺术形态和艺术活动在公共空间中共同创造的，是创造性解决社会公共问题的独特艺术形式。由于功能不断拓展而日益凸显重要，突破了城市公共空间的范畴，进而影响推广至城镇与乡村等更大的公共空间。地方民众共同参与、共同创造、共同享有的文化艺术，是其核心所在。

公共艺术，由西方工业革命带来的负面影响后进行的城市环境整改活动兴起，兴盛于20世纪60年代的美国，在西方颇有成就，通过公共空间的形式来传承文化与情感表达，是公共空间中人民群众社会沟通与交流的重要平台。在全球各地都有各式各样的公共艺术设计，通过不同的材料、色彩、形式，表达出不同的意义与文化特色。

公共艺术的英文是Public Art，从字面意思上理解，就是公众的艺术、大众的艺术。但其内涵不仅仅是字面上的含义。法国艺术理论家卡特琳·格鲁（Catherine Grout）认为，"公共艺术要结合两种能量：一为艺术，它是作品的上游精神，可以跨越任何界限，另一个，则是作为不相识的个体们集会与交流的公共空间。"[1]可见，公共艺术包含"艺术性"和"公共性"两方面的内容，公共艺术既是一种艺术，也是一种公共的艺术，是一种可以共享的、可参与的文化事业和文化活动[2]；它与私人艺术、传统宗教艺术、商业性大众消费艺术的不同之处在于，公众享有对公共空间中艺术的话语权，享有艺术创作的参与权、批评权和决策权。[3]

随着经济文化的发展，公共艺术成为设计行业的新宠，更新为一门融合性的艺术。不仅包括物理公共空间中的绘画、雕塑类艺术作品、照明装置以及现在流行的全息投影互动装置；还包括象征公共空间当中的拥有纪念与集体意义的艺术活动。作者认为，"艺术性"是公共艺术的基础，公共艺术毕竟是艺术在后现代语境下的一种状态；"公共性"是其核心，公共艺术必须发生在公共领域或公共空间中，且必须对公众开放，有公众的民主参与。

近些年日本开始用"艺术项目"来代替"公共空间艺术设计"这个词。在日本各个地区开展比较独特，具有创造性的艺术活动。如：

1　卡特琳·格鲁：《艺术介入空间》，姚孟吟译，桂林：广西师范大学出版社，2005年版。

2　李建盛：《公共艺术与城市文化》，北京：北京大学出版社，2012年版，第52页。

3　周成路：《公共艺术的逻辑及其社会场域》，上海：复旦大学出版社，2010年版，第3—4页。

日本越后妻有大地艺术祭、日本奈良室生村"室生艺术森林"、灾后重塑中的"重生艺术节"等。而这些艺术活动的内容不只是作品展示，还会与一些社会现象有联系，其功能也从空间美化扩展至对特定公共空间的激活。

二 公共艺术之于传统村落建设的优势

公共艺术对中国乡村的意义首先也体现在其"艺术性"特征上。在中国，乡村作为与城市对应的地理区域，具有更为广阔的面积，更多的人口，以及更丰富的文化和艺术传统积淀。中国的很多传统艺术和文化都从乡村生发，也保留在乡村。与中国绝大部分城市已经"失魅"（De-enchantment）相比，中国乡村还保持了相对完整的中国传统，非物质文化遗产和原生性的艺术。而这些文化和艺术是中华民族精神寄托的重要载体，构成了我们的家园感与归属感[1]。因此，在讨论乡村问题的时候，我们不可能只考虑乡村的经济、政治、技术和物理空间，而不关注乡村文化、艺术等问题。

1. 公共艺术有强烈的在地性与社会性

在云南众多的传统民族村落中，各个民族的村民均有着固有的生活生产模式、有习以为常的休闲娱乐活动，更有代代相传的民族信仰。公共艺术为大众创造舒服认同的公共空间，为恢复乡村活力起到了积极的作用。

1　渠岩：《艺术乡建：许村重塑启示录》，南京：东南大学出版社，2015年版，第1页。

2. 公共艺术重视和吸引公众的参与

公共艺术的特质在于应用艺术作品作为自由的传播承载实体，能够从空间上、形式上，活化传统公共空间的单一，满足人们日益丰富的精神文化需求。形成传统村落中独有的文化自信，并重塑其生活空间，加强村民之间的交流与共享，形成精神上的节点。

3. 公共艺术便于与时尚设计产业交融

国务院提出了"文化+"的发展战略，文化景区规划、特色旅游小镇、文创产品设计、非遗保护传统行业的转型等，都为公共艺术提供了广阔的舞台。在我国，各个地区都在积极谋求走出"千城一面"的樊篱，形成其城市与乡村独有的文化记忆等。

公共艺术以其具有强烈的在地性与社会性，吸引着当地公众对更新村落环境风貌的参与，更在文化产业、文化服务和文化建筑方面，为乡村传统文化的传承与发展，提供着更广阔的空间。

三　公共艺术在云南传统村落建设中的痛点

走进云南，立刻就能看到自然质朴的生活与多样性存留的文化与习俗。这里的传统村落拥有各自的独特性和自然同生共融的宽厚性，依然保留着文化多样性的根基与那份天真、质朴及对自然的敬畏之心。我们可以看到依山水之势、就地取材的建筑样式，从中体悟"一方水土养一方人"的道理。

现在的旅游开发模式，对农村自然生态环境和传统乡村文化的传承漠不关心，打造的多为"到此一游"的网红打卡点，过分追求乡村的收入红利，进而破坏了前来寻访乡土云南的人们对乡村的淳朴想象。同时，在畸形的"快餐文化"影响下，部分设计师、艺术家下乡采风，多是去农村采集需要的创作灵感，未能停留在对特定文化遗产的整理和传播上。从某种意义上讲，这是一种对乡村的索取，不但无法激起对乡村重建的更多参与，还扭曲着淳朴村民对艺术价值的认知。

当中国许多"发达"地区正以损毁传统根基为巨大代价，在城市中已渐渐远去的乡土血脉与文化体系却在云南的青山绿水中得以存留。这些传统村落正属于普通乡民，他们在这里生活、劳作，一代代地繁衍，是人类多样化生活的一个不可多得的样本。

就云南传统村落地区公共艺术的普及情况而言，公共艺术的身影多存在于旅游区及附近的村落、部分较富裕的村落，或较有知名度的民宿附近。大部分村落的基础性公共设施仍在建设，能够看到的公共艺术也多为雕塑或壁画，公共艺术介入乡村的文化振兴，迫在眉睫。

通过多年持续的助力乡村建设，在云南的传统村落中普遍存在着这样的现象，引发我们的反思：

（1）近年来国家推行的工业化、城市化政策，将乡村建设的目标更多地吸引至农村现代化基础建设当中，一定程度上忽略了在地文化的传续而使之逐渐没落，现实生活与精神生活存在脱节的现象。

（2）建设工程多为政府行为，没能形成较为规范的公共艺术认知，因此设计层次不高，影响了公共艺术在传统村落中的落地开花与艺术推广。

（3）目前乡村无论是从经济、信息还是从现代文明程度来看，大都处于相对闭塞和落后的状态。村民自身的文化素质、文明程度、艺术审美等，受客观环境制约，对公共艺术的理解缺乏专业性与艺术性的引导。

（4）部分艺术家、设计师以艺术之名，在传统村落的建设中做浅层装饰，抒发个性，而忽略了乡村建设应首先为村民服务的宗旨，遂使在地文化的设计作品缺乏与人的互动，沦为了民众理解不了的"艺术"。

艺术介入乡村，早已不是以某类艺术的手段改造乡村景观。如不保持警惕，很容易脱离艺术本体的轨道，沦为庸俗社会学意义上的文化乡建，带来乡村文化建设中的殖民现象。将现代艺术语境下的公共艺术作品强行介入乡村这一富含文化内涵的场所空间中，如未能进行足够的准备，必将会是一场强势的文化入侵，将乡村这张纯净的画布变成粗制滥造的试验品，无疑会使乡村面貌逐渐变得面目全非。

那么，到底什么样的公共艺术介入，才能在云南传统村落的保护发展中，起到积极的作用？云南拥有众多的少数民族，众多的民族村落，移植或复制这样的公共艺术设计方式，严重阻碍了这些地区的公共艺术发展，不能正视人与人、人与空间、人与文化之间的关系，原本"艺术介入乡村"这一好的意愿，必将会对乡村环境和存留不多的乡村文化造成不可逆转的破坏。

四　文化重塑视野下公共艺术介入云南传统村落保护发展中的实践研究

探索长期且永续的保护与发展之道，关键在于"践行"二字，传统村落的未来要由新的生命力来延续。"艺术"不再是艺术家独享的特权，让艺术回归生活，尊重乡村传统的生活之道。

对于本章节实践案例的选择，笔者的思考如下：优先选择云南地区传统村落中保护与发展影响反馈较好的案例；同时也是公共艺术设计领域中专业性、艺术性较好的案例；还应具有独特的地域文脉或文化线索，能够深入介入乡村公共艺术的建设过程中。

从文化线索挖掘，到专业设计提升，再到影响效果反馈，以有序的思维方式推敲案例，以期发现它们当中对于传统村落建设中文化重塑的共性思维。因此，笔者将分别从文化自觉自信的重塑、村民主体性的重塑、文化空间的重塑，以及文化秩序的重塑四个方面，进行较有针对性的分析探讨。

1. 文化自觉自信的重塑——扎染文化案例"蓝续"

释名

"蓝"的是乡愁，"续"的是传承。蓝续的创立者张翰敏说："儿时的周城是蓝色的，青石板路在白墙青瓦之间蔓延，路两旁晾晒着美丽的蓝色扎染布，染布随风飘动，淡淡的板蓝根清香在空气中洋溢。那时的周城，质朴而厚实，美得纯粹。"[1] 这也是"蓝续"名称的由来（图5-1）。

图5-1 / 蓝续

---

1 叶莘、杨志美：《新时代民族民间工艺的发展模式——以大理白族周城村蓝续绿色文化发展中心为例》，《流行色》，2021（2）。

设计思想

白族是我国具有悠久历史文化的民族，主要在云南大理白族自治州。白族的民间艺术有着丰富的内涵与特征，其中的扎染技术更是为世界人民所喜爱。大理周城已经成为白族扎染文化的代表性村落。

扎染工艺，创于两汉、兴于唐宋、盛于明清。而今周城的扎染和其他非物质文化遗产一样，面临着现代化的冲击。与传统"输血式""漫灌式"的扶贫方式不同，蓝续的工作方式是指导贫困农村认识和寻找自己的优势，并立足优势，进行自主发展。出生于扎染世家的张翰敏回到周城自家的百年老院，重振传统扎染工艺，从拜师非遗传承人段银开学艺开始，自主创业。[1]

蓝续坐落于拥有百年历史的"四合五天井"宅院中，于整个传统村落而言十分的"不起眼"，却成为大理白族众多扎染工坊中最有活力的一家。草本扎染这项纯天然、纯手工的技艺，深深地吸引着向往传统生活的人们。扎染的工艺分为扎结和染色两个部分，通过纱、线、绳等工具对织物进行扎、缝、缚、缀、夹等多种形式组合后进行染色。复杂的工序需要巨大的细心与耐心（图5-2）。

扎染过程中创新而古朴的展示、扎染的工艺流程、传统技法观摩中的教学与体验，是蓝续的成名所在（图5-3）。

图5-2 / 蓝续古朴的庭院景观　　图5-3 / 工作坊宗旨

---

1 郭佳:《传统与现代之间——云南大理周城村白族扎染现状的艺术人类学考察》,《民族艺术研究》, 2019（5）。

扎染文化中的反思与文化自信自觉

扎染古称扎缬、绞缬、夹缬和染缬，是中国民间传统而独特的染色工艺，是织物在染色时部分结扎起来，使之不能着色的一种染色方法，也是中国传统的手工染色技术之一。作为国家非物质文化遗产，虽然现代技艺的发达快速让扎染产品普及，但是扎染的染料天然、工艺独特与制作考究才能真正突出它的艺术价值。如果一味迎合市场的快速产品输出，则于传统文化的继承和发展无益。

今天，"物质文化不再被视为被动的，而开始被视为社会关系再现和世界情感关系发展过程中不可或缺的组成部分。"[1] 艺术人类学更注重艺术形态、设计者与情境之间的关联。强调艺术呈现出来的过程与形式，从而塑造其创造过程背后的文化背景与文化观念。

传统与创新是传承的基石，还原古法技艺找到其传统创新的突破点。团队试验后，开发出艾草染、核桃皮染、咖啡渣染、飞机草染、洋葱皮染、茶叶染、苏木染、栀子果染、柳树染、柿子染、蓖麻染、鬼针草染等30多种植物染色技术及创意商品。[2] 这些原材料与染色出来的扎染布料陈列于桌案之上（图5-4）。

同时展示的还有扎染工具以及传统的织布机等，摆放于庭院之中和古朴的传统建筑形成呼应，还原乡村最初的模样，代入感得到强化。为人们对扎染原料、工具的认识与理解提供实物参考，作为科普教育的公共艺术作品呈现（图5-5、图5-6）。

蓝续的工作室与展示间任由游客参观。他们现场为人们展示扎染

1　〔澳〕霍华德·墨菲、〔美〕摩根·帕金斯：《艺术人类学：学科史以及当代实践的反思》，载《国外艺术人类学读本》，李修建编译，北京：中国文联出版社，2016年版，第251—252页。

2　郭佳：《传统与现代之间——云南大理周城村白族扎染现状的艺术人类学考察》，《民族艺术研究》，2019（5），147页。

图5-4　/　染料原料与扎染成色展示

图5-5　/　扎染工具展示　　　　　图5-6　/　织布机展示

的传统工艺，深受孩子们的喜欢。在庭院里随处可见的教与学，描画、捆扎，把产品工艺、制作过程——教会给人们，那么在记忆中就有来自蓝色的印记。曾经有实践小组，专门来这里体验扎染的全过程。在幽静的四合院里，历经3个小时，成员们才最终完成属于团队的扎染工艺品，扎染本身的魅力蕴藏在浸染过程中。只有这样才能深刻地塑造人们创造过程背后的扎染文化与故事，形成公共艺术叙事的

图5-7 / 亲身体验扎染　　　　　图5-8 / 公共交流教学空间

事件关联（图5-7、图5-8）。

在工作坊中，大量的各色各样成品用于装饰整栋建筑内外。随处可见的房屋内部装饰、墙面、桌面、床品等布置，都由工作坊内完成。售卖与展示去商业化。在幽静的村落中，在古老的房舍间，还原淳朴、贴近自然，将这一公共空间打造成了宣传扎染文化的窗口，带给人们沉浸式的公共艺术感受（图5-9）。

效果影响与评价

费孝通先生1997年曾提出："文化自觉是指生活在一定文化中的人对其文化有'自知之明'，明白它的来历、形成过程、所具有的特色和发展的趋向"。很多村民并不具备对艺术作品的欣赏能力，他们更习惯于艺术家、游客游走于自己的村镇，也乐于展示自己家乡的文化。然而为村民所设计的公共艺术空间，却不能忘却他们作为主人的重要地位，要与传承的主体人群形成共鸣，以村民自身的文化认同为主，才能重建真正可持续发展乡土文化自信。

图5-9　/　展示空间

　　蓝续还会通过各种民俗节日推广民族文化和扎染文化，自工作室创立起，蓝续每年开展冬至节活动，将扎染与白族故事结合起来，还推出春染、夏染、秋染、冬染等季节产品；将扎染与白族本土的各类活动结合举办；召开扎染研修班，系统地开展扎染学习课程；通过与各个高校合作等多种方式，推广蓝续文化。在地民族文化在与世界的接驳中不断接受挑战，进行自身调整后给予积极的回应，适应了新时代的审美需求及市场需求。

　　蓝续带给我们的，在于对工艺背后的民族故事与文化内涵；在于对地域文化资源的利用；在于寻求其文化自觉的民族性；在于对扎染的传承与保护；在于在更为广阔的环境中发挥其公共艺术的能动作用，并取得了非常显著的效果。这些"艺术乡建"往往以艺术家为主导，联合社会工作者、文化修复者等不同人群，长时间地深入乡村，挖掘乡村原生艺术活力（包括人和传统艺术形式），并通过当代艺术的模式加以放大，在激活乡村的同时，形成巨大的社会影响。渠岩在论述许村"艺术乡建"的时候，就写道："我们在这里所说的艺术实践，绝不是传统意义的视觉审美和个人趣味的游戏，而是社会学意义上的行动和措施，是广泛代表宗教、建筑、环境和新生活意义的统称。我们提出用当代艺术激活传统文化，用艺术推进村落复兴，是通过当代艺术元素的引入，促进乡村的活化，使乡村在现代社会中复活。这种复活不仅意味着经济的复活，更是重建人与人、人与自然、人与宇宙的共生关系。"[1]

2. 村民主体性的重塑——农耕文化案例"稼穑集"

释名

稼（jià）：播种，春耕为稼。穑（sè）：收谷，秋收为穑。稼穑，即是播种与收获，可理解为一年的农事轮回。"稼穑集"喜洲农耕文化艺术馆，原为喜洲杨氏宗祠的祠堂，从20世纪80年代后闲置至今，2020年经过设计师田飞的改造，成为展示大理农耕文化的艺术博物馆。"当我们将视线放慢，仔细阅读这些朴实的笔触，又回到了那个面朝黄土背朝天的年代。"（图5-10）

1　渠岩，《艺术乡建：许村重塑启示录》，南京：东南大学出版社，2015年版，第5页。

图5-10 ／ 稼穑集

设计思想

近年来，伴随着乡村振兴战略的推进，有更多的艺术家深入乡村，以"艺术介入乡村"的方式进行工作，如稼穑集喜洲农耕文化艺术馆，通过作物生长的过程来呈现布展脉络。全馆由种之馆、秧之馆、秼之馆等七个场馆组成，每个场馆的主题都围绕人与土地的关系展开。2020年10月1日正式对外开放。第一馆种之馆，一整面的亚克力方块种子告诉人们，每一种粮食的来源，以及各种迷你农具的模型展示。第二馆秧之馆，介绍人类参与的农耕文化和自然节气。《开秧门》长泥塑展示节日的欢乐场景，重塑了人和土地的信仰关系，重建传统村落的信仰世界与生活空间（图5-11）。第三馆秼之馆，用一大面的黑白老照片展现过往当地农人的面貌和农耕景象。第四馆稑之馆，呈现旧时村民们的日常生活。"穑之馆""稼之馆"和"穄之馆"每个场馆的主题都围绕人与土地的关系展开。种植的过程伴随着人们精细而繁复的劳作，呈现土地与人的连接。农耕馆的中央还有一小块田地，随时令物候变化种下农作物，在收获的季节邀请小朋友来参与收割活动，让我们的下一代也能亲近土地，回到农耕本身（图5-12）。

图5-11 / 秧之馆《开秧门》   图5-12 / 农耕馆中央的田地
泥塑

农耕文化中的全民参与意识

德国艺术家博伊斯认为："唯有靠艺术才能创造未来。将艺术的观念扩大，关乎创造力与自决权，亦即在每个人的心中，自己做决定的可能性"。[1]

好的公共艺术作品应该带来积极的作用，所有的受众人群都能在这样的艺术品中体会出各自的感受与领悟。通过社会参与性艺术所带

---

1 约瑟夫·博伊斯（Joseph Beuys），德国艺术家，以装置艺术和行为艺术为其主要创作形式，是"行为艺术""社会雕塑"等概念的创始人。他主张一切生活世界中的素材都可以作为艺术媒介和观念物件来表达特定的理念。主要观点：创造力并不是艺术家的专利，艺术并不只是艺术家的作品，而是一切人的生命力、创造力、想象力的产物，即"人人都是艺术家"。

来的各种活动，美感经验真实地融入观众的日常生活情境里，除了各种艺术形式的欣赏，村民还通过与艺术家的互动参与创作过程。

　　设计师田飞在采访中这样对记者说："并不希望它只是一个简单的农业器物，或者一个农具的文字性、图片式甚至实物式的简单呈现。更希望的是关系到人和这片土地的关系"。[1] 在整个展馆中各色公共艺术作品令人应接不暇、发人深省，但笔者在这里最想谈的是对于农耕文化重塑中起了关键作用的村民的参与。

　　农耕与二十四节气紧密相关，可是如何呈现这部分内容呢？他们想到请孩子参与。喜洲完小为这个主题开展了一次书信比赛，让孩子们给家人朋友写信，以节气为主题内容，挑选出24封以节气为主题的书信，做成了公共艺术墙展示。孩子的文风稚嫩淳朴，往往趣味十足。再将这些书信裱糊在相框中，和餐桌菜品的微模型贴合在一起，图文实物并茂。也正是通过这次活动和这些书信，让我们知道如今的下一代并不是对二十四节气全无认知，人们对于农耕时代的怀念与向往仍在继续（图5-13、图5-14）。

图5-13　/　秧之馆二十四节气墙　　　　图5-14　/　节气书信——立秋

1　大理电视台纪录片《稼穑集，打开喜洲另一扇窗》，2020年12月。

用各种收据文件将餐桌裱糊成白色的公共艺术作品。餐桌上的餐具、器皿、食物、桌椅，都用废纸裱糊了起来，而这些文件正是村委会搬迁时留下来的资料和文件。可以从上面看到粮食收入的统计表等充满时代气息的文字和表格。斑驳泛黄的纸张一下子把人们拉回到了那个年代，回忆起了当年的生产生活状态，成为一段穿越时空的集体记忆（图5-15）。这块黑板的创意，来自文字与农耕文化的关系。耒字边的字都是农具，禾苗旁的都是植物的状态，通过农具和作物的对应关系，将它们的生僻字抄于黑板之上，向人们展示农耕时代的文化，提醒人们不要忘却人与土地的关系非常密切，农耕文化有着复杂细致的耕作系统（图5-16）。

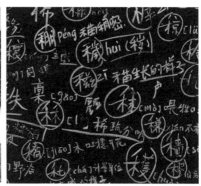

图5-15 ／ 秫之馆废弃文件　　　　图5-16 ／ 秫之馆中写满农耕
　　　　　做成的餐桌　　　　　　　　　　　　　生僻字的黑板

场馆仍在建设中的时候，当地的村民就会时常过来观看。慢慢地，他们主动提供线索和资料。在还原村公所、信用社时，很多村民捐赠家中的旧物，当这些东西集中在一起，集体的记忆被一点一滴打造出来，让人沉浸在过去的年代之中。村民对场馆的建设有着很高的参与度，这样的公共艺术尊重了村民的行为和意愿，属于一种集体设计。设计者和受众人群不分彼此，你中有我，我中有你（图5-17、图5-18）。

图5-17　/　稷之馆由村民捐赠物还原出　　图5-18　/　稷之馆由村民捐赠
　　　　　　来的村公所　　　　　　　　　　　　　　　物还原出来的合作社

效果影响与评价

乡村实践中的公共艺术，不应成为艺术家的展示舞台，而是能真正从主人的角度带领村民共同挖掘其自主意识，重建传统村落的文化观念，于传统空间之中展现在地文化的智慧。合作参与带来对自我认知的反省，对社会的批判与集体的认同，对所处环境的想象认知与开拓。与各类媒介之间的沟通将主位思想的历史文化转化为可感知的对象，促成了沟通与价值的重新构建。

因此，每个人不管物质如何匮乏，都有权利和能力与别人、大自然以至整个世界和谐共存，过有尊严而可持续的生活。我们理解的"可持续生活"是互助关爱、自力自足的，人们与自然和谐共处，过着简单知足、充满安全感和创造力的生活。村民应该首先自主参与到作品的创作中来，完成它的艺术生命，并在这样的过程中形成强烈的文化自信。因为村民的观念就在作品形成的过程中逐渐呈现，也因此村民会自觉自主地维护，从而打造出文化观念影响下属于他们自己的生活空间，这样的公共艺术作品才拥有不断有序更新的可能。这些案例都利用艺术的手法，直观地带来了村落的视觉提升，有效挖掘了村落的潜在文化价值，继而转化为新型生产力并带来直接效益[1]。更值得乡村建筑设计借鉴的是：因为艺术的自由性、差异性和召集性[2]特点，这些艺术介入的乡村项目，往往能打破乡村图景过于陈旧、刻板、缺乏活力的问题，比纯粹环境美化的乡村建设更具有生命力，也更符合年轻人（包括当地年轻村民和外来年轻人）对于当代生活的愿景，更容易引起共鸣。

3. 文化空间的重塑——建筑文化案例"喜林苑"

释名

喜洲，位于大理古城以北约18千米处，是一个有着一千多年历史的白族历史文化名镇，老舍在《滇行短记》中曾称之为"世外桃源"。喜林苑，2008年由来自美国的林登夫妇创立。喜林苑的"喜"取自喜洲的"喜"，林是林登的"林"，"苑"是对这片地方最好的期待。

设计思想

喜林苑是经过修复的喜洲古镇明清民国时期的白族建筑群，将破败不堪的老房子修缮复原，尊重传统建筑文化的同时，追求隐没山林间、外古朴内高端。精心打磨的酒店向世界展示着不一样的中国。并以此观察大理喜洲的自然、人文、民俗风情，更帮助村民重拾文化自信。

这座老建筑始建于1947年，曾经是著名喜洲商帮"四大家八中家"

1　陈炯：《乡建与艺术：美丽乡村建设》，杭州：浙江人民美术出版社，2017年版，第2页。

2　艺术作品的召集性，是通过自身在公共空间的呈现，引发公众的聚集，形成由不同人组成的"事件共同体"。召集性是公共艺术实现自我建构的关键，它代表了公众对艺术品的一种反映。

之一的杨品相先生府第，2001年被评为国家级文物保护单位。2004年，来自美国的林登夫妇相中了这座旧宅院，他们卖掉了自己在美国的房子，横跨太平洋来到中国，在大理古城开酒店，做国际文化交流，真正把大理当作故乡。在努力争取到当地政府与文化部门的信任与支持后，经过艰难的保护性修缮，2008年"杨品相宅"作为精品酒店喜林苑正式对外开放（图5-19）。

图5-19　/　喜林苑建筑群

建筑艺术中的认知与坚持

罗伯特·克里尔提出了公共空间艺术设计与地域特色相结合的独特见解，认为公共艺术设计不能只有艺术家自己的创作风格，而需要的是设计中要与地域特色文化完美的结合到地域景观中，从而达到以公共空间艺术设计对地域景观的重塑。[1]

---

1 〔卢森堡〕罗伯特·克里尔著，金秋野、王又佳译：《城镇空间：传统城市主义的当代诠释》，南京：江苏科学技术出版社，2007年版。

国内目前的公共艺术设计暂处于比较低的发展阶段，大部分地区的公共空间艺术设计还依然停留在艺术装饰空间的层面，在介入地方问题方面还是比较被动。[1]

林登发现中国的城市建设有些地方盲目效仿西方，已经破坏了中国传统建筑原有的风貌，失去了吸引力。他想尝试做一个文化保护项目，用自己的方式让传统建筑文化得以保存和传承。

他认为中国很多地方新建的酒店客栈缺少地域文化特色，掺杂了太多现代元素反而破坏了美感。喜洲白族民居建筑保存完好且独具特色。而作为外国人，对中国传统建筑的不了解是最大的难题，因此他在喜洲拜访了白族的老人、建筑专家，还跟文管所的工作人员反复商讨，请教传统白族建筑该如何修缮。为了最大程度保护这座精致的白族民居，林登夫妇和当地的一百多位能工巧匠一起，耗时一年多时间用创新的方式对宅院进行了妥善修缮，巧妙地将传统和现代相融合。[2]

如今的喜林苑建筑风格秉承了典型的白族民居特色，由四个相互贯通的院落组成（图5-20）。第一重院子是典型的"三坊一照壁"结构，每坊三开间，各坊经由精巧的走廊连接。通过侧边的门廊进入第二重院子，变成四合五天井的合院。有四个房间组成封闭式的院落。第三重院子是精致的花园，花园后是观景台和花圃（图5-21）。

整座院落都是按照白族传统来设计与建设的。在传统的外表下为了方便生活，引进了先进的现代生活设施，解决了水电、排水、消防等问题。整座建筑既有西方园林的庄严，又有中国庭院的玲珑，在保持院落完整原貌的基础上，奇石翠竹、古玩水榭、丛木花草点缀其间（图5-22）。

1　袁金鼎：《公共艺术如何重塑城市活力》，中央美术学院学位论文，2017年。
2　李美娇：《一个美国人的云南乡愁》，《云岭先锋》2017（4），第24—25页。

图5-20　/　喜林苑院落布局

图5-21　/　喜林苑花园改造

图5-22　/　喜林苑露台风光

图5-23 / 客房展示效果

图5-24 / 室内藏品展示

图5-25 / 杨家门楼

院落里共有16间客房，都依照着白族传统的民居装饰和陈列样式进行布置，处处体现出白族的民居文化（图5-23）。整个客栈遍布古典艺术藏品及各种传统工艺石雕。家具与陈设都依循传统白族风格设计。林登先生非常喜爱传统艺术品和手工艺品收藏，喜林苑可谓是他藏品的陈列馆，这里的每个角落都保藏着各式各样的老物件（图5-24）。"杨家门楼"作为喜洲三宝之一，整座门楼飞檐叠砌，斗拱层立，立足于白族建筑装饰艺术别致精巧而又气势恢宏（图5-25）。为了让客人更充分地亲身体验整座宅院的传统之美，将更多空间改造为公共区域，让住客们可以走出房间彼此交流沟通（图5-26）。

图5-26 / 公共空间改造

喜林苑作为文化遗址最特殊的地方在于可以作为文化活动的开展，与其说是酒店，更不如说这里像一个可以居住的博物馆。拥有2000余册藏书的"书房"经常举办各种文化活动，使国内外友人亲身体验中国大理白族的传统文化。浑厚的历史文化、热情的风土民情、开明的对外政策以及政府对于传统文化的保护，都为林登的想法可以持续推进提供了基础。

效果影响与评价

对传统建筑的谦虚谨慎造就了喜林苑，它承担了国家重点文物的保护，传承发扬了大理白族传统文化，对民族地区文化建筑的保护与公共艺术文化的体验具有重要的借鉴意义。

但它的特色并不仅以酒店的形式维持其正常的运营，它更是一个白族传统生活的公共艺术体验空间。建筑房屋、雕刻装饰、花园植物、公共交往等空间，只是它传播艺术文化的实物载体，承载的正是关于传统村落及其文化内涵的艺术追求。只有这样有文化内涵依据的深入改造，才能为传统建筑赋予新生。

十几年来，喜林苑接待过的客人来自世界各地，骄傲而谦虚地向世界展示着云南大理最传统淳朴的建筑之美、田园之美，也让他们体验着白族民族文化的风土人情、信仰民俗，传播文化的同时更增强了喜洲人民的民族与文化自信。

在喜洲古镇的杨卓然院，林登做的第二个白族民居保护项目，如今已变成中西教育融合的交流平台。经常提供给实践调研的国内外学生作为他们的基地，为对当地民俗文化感兴趣的人提供交流的机会，引导人们进入当地的生活。可以田间漫步，在古镇巡游，或到古老的宅院里感受最真实动人的在地生活。

4. 文化秩序的重塑——社区文化案例"禾下"

释名

禾，谷类作物的统称，稻谷也是云南地区主要的粮食作物。禾下公益图书馆取意自"汗滴禾下土"。禾苗之下，致敬大地，又意"禾下乘凉梦"。坐落于昆明市呈贡万溪冲村中心位置，于梨花烂漫处别具一格的乡村书局（图5-27）。

设计思想

禾下公益图书馆由云南艺术学院"乡村实践"工作群，从设计、

图5-27　/　禾下公益图书馆

步骤

图5-28　/　禾下设计策略

建设到策划、运营进行全面管理，旨在探索高品质生活美学和在地文化的结合。

尊重原有社区的传统生活观念，重新塑造乡村文化秩序，策划公共空间当中的拥有集体意义的艺术活动，美化空间的同时更注重的是对社区文化所代表的空间实体，进行特定方式的空间激活，从而赋予乡村老建筑新的功能、新的生活、新的乡村生活方式（图5-28）。

社区艺术文化空间活化与活动思考

回归乡村生活远离城市困扰，已成为当代中国城市大部分人群的向往。人们厌倦了城市的喧闹，希望可以实践新的农耕生活方式。为此，"乡村实践工作群"对传统乡村文化与过度城市化的思考，是希望设计团队离城下乡，重塑历史的实践。于传统村落展开设计互助活动，以降低在城市中对先进公共服务与过度数字化生活的依赖。用艺术设计为乡村的政治、经济、文化奉献力量，尝试赋予传统村落新的活力、再造乡愁。

"禾下"公益图书馆分为书店、露天书台、文创空间与咖啡厅4个部分。文创空间中陈列了上百种文创产品，有根据云南本土文化元素制作而成的各类工艺品，还有在民间收藏到的各式各样的老器物。这些文创产品，在将当地文化外显出来的同时，饱含着记忆深处的那一缕乡愁。通过物件，连接了四方的人（图5-29）。

陆续开展诸如艺术乡建工厂、禾下音乐会、读书分享会、在地美食旅行、生物多样性工坊、创意写作工作坊、青年影像工作坊、万溪冲梨花节等多项在地活动，策划构建了一个全新的社区环境，打造了学校、企业、社会与艺术文化相互融合的集合体（图5-30、图5-31）。

设计团队将现代元素融入乡村建设，策划并重组了社区的文化生

图5-29 / 建成后的室内二层文创产品展示空间

图5-30 / 室内一层公共交往空间

图5-31 / 室内二层读书沙龙空间

活。以艺术加技艺的方式，介入了村民的生活方式，实现了乡村基础
教育与手工及艺术教育等产业融合，形成了可持续的服务社区文化机
构。激活了这一公共空间的活力，将文化多样性与乡土自然结合，重
塑乡村的社区文化秩序。在农村地区开展实践互助，用文化为乡村带
来真正的复兴。

　　乡村实践工作群的负责人邹洲老师如是说：着力于对云南传统村
落源远流长的历史遗迹、乡土建筑、民族民间文化和手工艺进行普查
和采访，在此基础上邀请当地人合作，进行激活和再生的设计，除了
传承传统，更希望把工作成果转化为当地的生产力，为农村带来新的
复兴机会。[1]

　　效果影响与评价

　　对于万溪冲村的村民来说。将这座位于村落中心的原本破败的
旧房子进行改造，是他们社区生活新的开始（图5-32、图5-33、图
5-34、图5-35）。

图5-32　/　建设前的民居原貌　　图5-33　/　建设中的禾下公益图书馆外景

<hr />

1　艺术作品的召集性，是通过自身在公共空间的呈现，引发公众的聚集，形成由不同人组成
　的"事件共同体"。召集性是公共艺术实现自我建构的关键，它代表了公众对艺术品的一种
　反应。

图5-34 / 建设中的禾下公益图书馆内景　　图5-35 / 建成后的室外空间

它不仅是一座建筑，更是乡村连接外部世界的窗口，是文化交流活动的场所。2021年8月19日，云南出版集团和云南美术出版社向万溪冲禾下公益图书馆捐赠了价值3万余元的图书。万溪冲社区的近2000名居民终于有了自己的"乡村书屋"。一座关怀乡村活力、尊重文化秩序重塑的图书馆在这里生根发芽。不久之后，万溪冲乡村博物馆也将开馆，和"禾下"一起为当地社区产生积极推动的影响力，给来访的客人提供最真实的体验。

连接在地文化与高校资源的平台，以"生态、生活、生产"和"传统、当代、未来"生活美学作为乡村设计关注的角度与立场，用"弥和沟通、迭代生长、有机更新"作为策略，整合高品质的设计策略与在地资源，赋予乡村新的活力。

在地综合艺术展演活动与策划，透过艺术教育的影响力，有意识地维护一个乡土生态系统，有意识地融合传统文化与现代技术，保留和管理文化与社会资源，学习传统手艺，体会当代艺术形式与传统智慧融合带给生活的影响。艺术思考强调用正面解决之道面对问题，重点关注于"整合艺术"。

<h1 style="text-align:center">五　案例综述</h1>

本文以四个角度的文化重塑为切入点，分别用典型案例进行了对比分析与总结提取，可以形成认知的共识：公共艺术介入云南传统村落保护与发展，其本质是对于文化观念、文化信仰的重塑；激发不同实践个体的主体性和参与感、积极性和创造力；以公共艺术的各种新型组合形式作为桥梁，无论其承载空间的类型为何，其项目的效果影响与时效评价将是评判其成功与否的标准（表5-1）。

同时，基于文化重塑视角下公共艺术介入云南传统村落保护发展中的实践研讨策略方法，有以下几个方面的思考。

1. 重新定位"乡村公共艺术设计"

"乡村公共艺术设计"应以农业、农民、农村作为研究的背景；以生态、生活、生产和传统、当代、未来作为关注的角度与立场；以弥和沟通、迭代生长、有机更新为设计策略。

在"乡村建设"的整体语境中重新定位"乡村公共艺术设计"，就是在新与旧、过去与现在、农村与城市、东方与西方、集体与私人、政府与民间、日常与非常、现实与学术等关系的并置对照下，将社群参与、行动主义、地域建筑、乡土建造、前期策划、后期评估综合为一体的策略性公共艺术实践。

2. 激活公共空间中的情境瞬间

辨析今日乡村公共生活的内涵，通过开放性的循环完成使用功能上城乡一体的勾兑；关注在地性的建构用以营造使用者的景观，以可编辑、可迭代、可更新的公共艺术手段，设计一个或一组事件性的公共场所，重新激活乡村公共空间中日常生活的特殊性时刻。

从空间计划到时间计划，从蓝图规划到内容规划，设计的目标最终不只是形式，而是未来的各种潜能。

3. 相信民众参与协同创作的力量

不同于城市的高效率状态，对于公共艺术介入云南乡村建设的项目，不应诉求大量的游客与丰厚的经济效益，而应转变观念从观看转到民众参与协同创作，体验公共艺术空间活动过程对于乡村的影响，从而培养本地人与非本地人对乡村在地文化环境的重视。

真正认同地方自然与文化的核心、认同乡村文化活动的发展、认同人与环境的价值，以居民参与共同创作的方式取得地方认同。相信民众参与协同创作的力量，唤起人们体验农村自然环境与在地文化的内驱力，互帮互助，良性循环。

公共艺术对于乡村的意义在于其"公共性"特征中的公众参与和民众决策机制，它极大地调动了农民的积极性，复活了乡村生活。它们反映了公共艺术理念中的一个核心问题："作者—作品—观众"的关系。这种互动关系对云南当下乡村公共艺术介入行为具有重要的意义。长期以来，中国乡村和城市设计都处于近似二元隔离的状态，乡村里的建造活动更趋近于自发行为的"自说自话"。在乡村，土地所有权、建造权、设计权和使用权往往是合一的，这使乡村更接近生活需要的的本质——抵御外力，保护使用者，提供满足使用的空间，并实现审美诉求和家园感，使人"安居"（Dwell）。

4. 注重项目效果影响与实效评价

公共艺术项目改变着公共空间的活动与形态，现有评价体系应不断更新完善、科学系统地进行实效评价，对其进行全方位的检查，以确定应采取什么样的方式进行公共艺术空间的有效修复、更新迭代与后期维护。

学习杨·盖尔空间研究团队的公共空间—公共生活调研法。[1] 结合公共艺术空间营造后的效果影响，依靠科学的地理数据步行可达性分析，通过对空间综合品质评价清单进行调研打分，研究现有艺术项目空间活力与空间行为、居民对公共艺术项目的美学认知与认可度、空间服务品质与空间选址、项目模式分析公共参与度评估。

5. 以文化自觉重塑生活新模式

寻求传统村落的复兴之路，塑造人民的新生活，探索传统文化的存续与继承。无论任何团体，都应更加深入具体地思考村民的心声，重塑其文化自觉自信。更新乡村生活方式与习惯、改善传统村落居住环境、提高村民生活水平、保护传统文化遗存，探寻它们与现代生活相结合的新模式。

1　陈元清、史争光:《基于PSPL法的城市街道公共空间品质研究——以上海市徐汇区钦州北路（桂林路—宜山路段）为例》，《城市建筑》，2021（02）。公共空间与公共生活调研法（Public Space and Public Life Survey，简称PSPl）是一种针对城市公共空间质量和市民公共生活状态的评估方法，该方法意在通过了解和掌握人们在公共空间中的活动和行为特点，以定性和定量的分析相结合，为公共空间设计和改造提供依据，从而达到创新高品质公共空间，满足市民开展公共生活的需要。

表 5-1 不同文化重塑典型案例对比分析

项目名称	建成时间	文化重塑	承载空间类型	设计者	公共艺术组合形式	效果影响与评价
蓝续	2013	扎染文化	非遗传习馆	青年传承者	扎染产品生产制作过程中的教与学，公共艺术活动叙事事件	古法创新，效法自然，吸引人群主动参与制作过程，多种运营模式叠加强化交流与传播
稼穑集	2021.10	农耕文化	乡村博物馆	设计师+村民自主参与	传统农耕文化的解构与再创作，公众参与的公共艺术作品	喜洲的另一扇窗，和土地农耕有紧密关系的商业集镇，有田园、技艺与深厚生活底蕴
喜林苑	2008.04	建筑文化	体验式酒店会所	国外设计师	建筑房屋、雕刻装饰、花园植物、公共交往等公共艺术空间	改造传统建筑作为酒店，通过院落中的各类公共空间进行艺术文化交流传播
禾下	2021.09	社区文化	社区文化乡村书店	高校师生	艺术、技艺、生活方式的文化秩序整合。凸显价值碰撞与教育实践的公共艺术活动	构建全新社区环境，打造多平台融合结合体。重塑当地社区文化秩序，推动社区活化，提高村民文化生活水平与艺术享受

六 小结

在现代艺术家或建筑师（也可能是其他外部力量）进入乡村，主导设计权之前，设计者和使用者之间的矛盾是不存在的，因为二者或是一体的，或是具有相近的意识和审美共识。但现代主义使建筑师、艺术家从服务于权力的附庸者身份中解放出来，成了独立创作者的同时，也使建筑师、艺术家逐渐变为一群服务"自我"的人。当服务"自我"的艺术家、建筑师来到了中国乡村时，就很容易出现村民对艺术建设参与度不高、对新公共艺术接受度低的问题。村民作为审美主体和使用主体的地位被削弱，作品的公共性也就自然消失。所以，引入公共艺术理论中公众参与和民众决策的机制，对于乡村公共艺术设计至关重要。同时，艺术家作为"作者"，要具有接受美学的意识，明确自身在创作中的作用，以及与"观众"之间的关系。"为谁而设计？"是从事乡村公共艺术的设计师无法回避的问题。

当然，公众参与和民众决策不等于把创作的全部过程或者责任无条件地交给村民。无论是公共艺术还是引入公众参与的设计，都必须给人以身心上的愉悦感或者刺激，必须具有审美的"卓异性"。所谓"卓异性"，也可解释为"陌生化（Defamillarization）"[1]。"陌生化"是艺术创作和设计中非常重要的内容，它是一种重新唤起人对周围世界兴趣，不断更新人对世界感受的方法。它要求人们摆脱感受上的惯常化，突破实用目的，超越利害关系与偏见，以惊奇的眼光和诗意的感觉看待事物。能够以"陌生化"的方法来重构外部环境，这本身就是建筑师或者艺术家得以存在的前提。

在乡村的"陌生化"不同于个人创作，它一方面受到地域文化的

1　"陌生化"概念，由俄国形式主义文学批判家维克多·什克洛夫斯基（Victor Schklvsky）在20世纪20年代提出，他认为："那种被称为艺术的东西之存在，正是为了换回人对生活的感受，使人感到事物、使石头更成为石头。艺术的目的是使你对事物的感觉如同你所见的事物那样，而不是如你所认知的那样；艺术的程序是事物的'陌生化'程序，是复杂化形式的程序，它增加了感受的难度和时延，既然艺术的接受过程是以自身为目的，它就理应延长；艺术是一种体验事物之创造的方式，而被创造物在艺术中已经无足轻重。"（方珊：《形式主义文论》，济南：山东教育出版社，1999年版，第56页。）

制约；另一方面，需要让村民接受，因此必然是一种适度的"陌生化"。这涉及接受美学中的期待视野（Erwartungshorizont）和审美距离（Mental Distance in Aesthetic Activity）的问题。康斯坦茨学派的主将汉斯·罗伯特·姚斯（Hans Robert Jauss）认为，读者的阅读感受与自己的期待视野一致，读者便感到作品缺乏新意和刺激力而索然无味；相反，作品超出期待视野，便会感到振奋。姚斯把期待视野与新作品出现之间的不一致，描述为审美距离。当审美距离为零时，就无法获得审美感受；相反，当距离过大，期待视野对接受的指导作用趋近于零时，接受者则对作品漠然。由此，可以得出一个结论，即期待视野和审美距离决定了作品在审美主体心理上的接受程度和艺术性程度。因此，作品能否成功的关键在于，是否可以达到一个合适的审美距离，乡村的公共艺术审美距离需要通过村民参与和选择，以及艺术家的主观创作两方面力量达到平衡来实现。此时，公共艺术家需要扮演"乡绅"的角色，一方面要了解地域文化和在地人群的审美，另一方面要将外面的新知识、新理念、新审美带入乡村，提升在地人群的眼界，从而创造新的地域文化。

第六章

传统工艺在云南民族村落中的保护发展策略研究

中华传统手工技艺有着完善复杂的运作、发展与创造机制，种类繁多、传承有序，且具有旺盛的生命力，在近代工业革命以前，曾一直是国民经济的支柱和命脉。当现代文明发展遭遇问题和瓶颈时，作为一种"文化产生方式"的传统技艺能够起到调整生产方式、优化社会结构并重塑文化形态的重要作用。

　　在今天，中央提出的"乡村振兴"战略，其关键点即在于"振兴"，而以传统技艺和手工艺为代表的"本土的、传统的、文化的"办法，就是这样一种可以倚重的工具。它可以从个人化的、文化性的"振兴"角度入手，强调人与物的情感沟通，增加人的价值，加强人的自尊，唤醒文化上的自信，并最终能建立起与时代相应的"文化的生产方式"。

　　而云南的非物质文化遗产保护工作，即是甄选了中国传统手工技艺中的精华部分，是浩瀚的技艺传承中的明珠，因此，如何将这些宝贵的技艺遗产之精华，以新的方式，作用于这个时代，使之"见人、见物、见生活"，即是该研究的主要话题。非遗技艺遗产作为传统手工技艺中最富活力、最具文化性的部分，理应在艺术介入与活化工作中发挥更大的价值作用。

因此，在艺术介入云南传统村落保护与发展实践中，就是探讨传统非遗手工技艺如何有效地融入国家的"乡村振兴"战略，如何起到维护自然环境与传统人文资源，发展生态经济与文化产业，保持地方人文特色，解决失业与人口流失，拓宽群众文化生活以及丰富劳动形态及乡村产品形式等多种作用。也就是说，民艺不仅要扶贫，也要兴乡。

传统工艺作为云南民族村落中的一个重要组成部分，在对村落的保护和发展过程中扮演着十分重要的角色，随着物质文明和精神文明的发展，其重要地位也在日益凸显。本文通过认识和分析当今云南民族村落中传统工艺的现状，发现了在民族村落的演变过程中，传统工艺的保护和发展存在的问题。通过研究其生成机制，并结合当下背景对传统工艺在民族村落中的保护，提出策略以及发展的路径。最终让传统工艺能够顺应民族村落的发展，并探寻出一条存在于民族村落中的非物质文化遗产保护的新思路。

一　关注民族村落中的传统工艺

传统工艺是劳动人民为满足物质需求和精神需求的一种自发性造物活动，其物质形态源于就地取材，并通过自身技艺经验创造出富有人性和个性的工艺品，同时具有鲜明的地方性、民族性特征。这一存在的形态和其生长的环境是息息相关的，而孕育这种环境的土壤就是广泛存在于我国的传统村落。云南作为一个多民族聚居的大省，民族村落更是遍布于各个地区。这就为传统工艺的存在奠定了基础。传统工艺始于长期生产劳作中，并在历史进程中不断地积累与提高技能。在历史上，村落区别于宫廷，指的是普通老百姓地聚居所在地，主要以农耕为主，因此，村落为传统工艺的发展提供了空间。

　　云南是多个少数民族的聚居地，具有较多的民族村落，受地域环境和人文环境的影响，云南民族村落具有深厚的文化底蕴。传统工艺是云南民族村落的重要组成部分，在各地区、民族中的渊源、民俗、自然环境、审美意识差异中具有适应现实生活的实用性。同时，云南民族村落也是传统工艺的载体，承载着传统工艺发展的文化空间。受到工业化的冲击及城镇化快节奏生活方式改变的背景下，生存方式、经济体系及发展生产的改变，在云南民族村落中尤为明显 。通过田野调研我们发现，传统工艺也面临着边缘化的问题。然而，传统工艺是社会发展进程留下的艺术瑰宝，能印证、解读不同的历史时期，同时也能体现民族村落的艺术特色。从保护发展的角度，传统工艺的传承离不开民族村落载体，否则可能会加剧传统工艺的消亡。因此，关于传统工艺保护和发展的研究，可以促进更深层次地认识民族村落，也将更好地对传统村落的保护和发展起到积极的作用。

　　当前，党和国家高度重视关于非物质文化遗产发展的乡村振兴战略，在传承和发展上做出要求，希望能通过传统工艺的保护发展，为乡村经济转型发展提供动力源泉。传统工艺以其丰厚的历史底蕴、隽永的思想、别具一格的风范，在人类文明史上记录了智慧的篇章，并有较大的发展空间，在乡村振兴背景下不断地探索，以寻求更多的挑战和机遇，振兴民族村落的发展。

因此，本文将以云南民族村落中的传统工艺为样本，通过对其发展机制的研究，挖掘及分析其缺失的现象，并提出保护发展策略等问题进行探讨。

二　传统工艺在云南民族村落中的演化和发展现状

因为村落生产力水平发展程度不高，生产的主要目的是为生存者提供生存资源，而不是用于交换的目的，这与商品生产截然不同。[1]在云南民族村落中的传统工艺具有悠久的历史，早期的传统工艺是以满足村落民众需求为目的，既有适应生产生活的现实性，又具有自身的特点。这一时期的云南民族村落主要以农耕经济占主导，随着传统工艺的发展，出现了规模化、集体化的生产现象。改革开放后，迅速发展的传统工艺成为云南民族村落的经济支柱，取缔了农耕经济背景下的传统工艺生产模式，对于工业时代、电子科技时代批量生产复制的整齐划一且无个性的工艺品而言，无疑更具有工艺美术的价值，受到崇尚文化的社会的欢迎，拥有其生存的空间。[2]这样的存在方式体现了传统工艺生生不息的活态魅力，同时在民族村落的发展进程中，伴随着部分传统工艺的继承或消失。

1　杨宗亮：《云南少数民族村落发展研究》，昆明：民族出版社，2012（15）。
2　刘春：《民族民间手工艺传承衰微与勃兴》，《学术探索》，2013（30）。

1. 演化

回望历史，传统工艺在广袤的中华大地上已历经近万年的风雨洗礼和变化。云南民族村落中的传统工艺借助当代的科学技术在飞速发展，传统手工艺品也呈现趋同性、批量性、地域性、民族性以及多样性的特征。传统工艺的表现形式也在无时无刻地发生变化，在变革的同时也带来了传统工艺的可持续发展的问题。找到这些存在问题的解决办法，就必须从源头上去分析存在于云南民族村落中的这些传统工艺的演化过程。

周城村位于云南省大理白族自治州，距离大理古城23千米。人口结构上，这个村落主要以白族为主要居民，在大理乃至于云南范围内是最大的白族自然村落。白族扎染技艺是流传于大理白族群众中的一种古老的染织技艺，以"民族扎染之乡"周城的扎染最具代表性。随着社会的发展，周城村的扎染也在发生改变（图6-1）。首先，在工艺上，扎染大量用到白坯布作为主要的原材料，历史上主要是当地的农村妇女手工纺织生产。但是由于生产周期长，无法满足市场需求，目前大部分的扎染作坊都已经用机器纺织的布匹代替，从材料的角度上来说，已经失去了原材料的原生态属性。其次，扎染工艺品最常见的蓝色染料，历史上一直是以生长在大理周边的野生板蓝根作为原料加工而成，在野生板蓝根无法满足需求时，出现了人工种植板蓝根来补充染色剂的紧缺。但是这种染色方式最致命的问题就是会出现褪色，尤其是随着现代生活中洗涤产品功效的逐渐加强，扎染工艺品的褪色问题就更加突出。虽然也有对于天然染料固色能力的研究和相应产品的开发，但还是不可避免地在整个扎染产品生态链中出现了使用化工染色剂来代替天然植物染色的做法，并且一度风靡整个产业链条。大量化学染料的使用使源自自然的淳朴颜色和风貌消失殆尽（图6-2）。为此，即便布料、染料随时代更替，作为传统的扎染工艺仍遵循着选材、手工扎花、浸染、拆线、漂洗、脱水、碾布等工艺制作流程，以检验传统工艺的继承。新技艺的注入改变了传统的工艺流程，而这一种改变是对传统工艺整个工艺属性的颠覆，直接影响和制约了作为非物质文化遗产的手工艺传承和发展。最后，创作题材也逐渐丧失了白族传统文化特色。具体到现在，沿袭扎染工艺的手工艺人不再对白族的传统文化进行深入挖掘和理解，而是迎合市场和大众审美思维去进行图案、图形的创作，失去了对白族传统文化的表达，最终把周城传承了多年的扎染艺术特点渐渐地磨灭。虽然扎染在纹样和题材上稍有变化，但周城村的扎染还是继承蓝、白色的主调，是白族人民的普遍风尚，是他们的一种文化心理。因而，传统工艺的发展并不是全面创新，而是在继承的基础上创新，留下了历史的印记（图6-3）。

图6-1　/　大理周城白族民居中的扎染作坊　　图6-2　/　染缸及待浸染的扎染的手工艺品

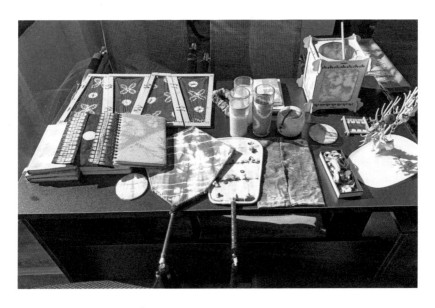

图6-3 / 结合扎染的创意手工艺品

　　新华村位于云南省大理州鹤庆县，全村白族占总人口的98.5%，这个村落的主要特色涵盖了其独特的自然风光、白族传统合院建筑、白族民俗文化以及传统手工艺银器制作等多个方面，是一个极具特色的典型云南民族村落。该村目前以传统手工艺银器制作为最大亮点，开发了针对传统工艺的文化旅游项目，从而带动了整体的游客观光、手工银器制作产业链以及银器销售的发展。随着时代的发展，新华村传统民族文化不断受到现代科技的冲击，古老的农耕文明与现代文明的冲突也在日益显现。但是"工欲善其事，必先利其器"，作为一种手工锻造的传统技艺，新华村的传统手工艺人为了实现自己的艺术创造就必须发展和打造自己称手的工具。不同的功能或造型需要不同的工具去实现，而在时代发展的大背景下，随着科技的进步，新华村的能工巧匠们也加入了对工具的开发和改进行列。对工具的再改造主要分为三个阶段来完成，第一阶段，对工具便捷性需求的改进。推动这一改进的主要动机就是由于当地以及周边老百姓对于铁器、银器制作等生产生活工具的需求，使得新华村的手工艺人需要经常外出工作，工具的小型化以及便携化的改变就大大方便了他们外出务工的需求，这种改进主要是在交通还不便利的20世纪90年代的时期存在。第二阶段，由于银器作为一种金属工艺，银器制作需要大量的时间和精力花费在诸如捶打、锻造的工艺中。20世纪末期随着科学技术的进步，电锤、气锤等机械已经能够完全满足对于银器的锻造需求，节省了大量针对这一工序的时间和人力成本。第三阶段，进入21世纪，科学技术得到进一步的提升，以及在更多的国内国外交流的影响下，各个工艺流程环节可以用机械化或是半机械化改进的工具完全融入到传统银器制作加工的工艺中来，不仅节省出很多手工艺人的制作时间，还在很大程度上使得经济成本也在逐渐下降。随着社会的进步和发展，新华银器大部分以个体户身份经营，在手工制作传承方面由于现代机械化的替代，产品质量及行业规范标准出现混乱，游客进入景区大部分会购买知名品牌的银器，导致散户经营经济效益不高。精美的银器只有少数匠人大师能够打造，这也决定了真正高质量银器的稀缺性，无法达到大众化的程度（图6-4）。

　　材料和工艺的发展和经济的发展变化是分不开的，鹤庆由于地理位置特殊，历史上一直是茶马古道上云南连接西藏、四川北部、甘肃的重要交通枢纽。而这些地区由于历史上经济欠发达，对于金属器具的需求主要集中在铜制品上。而从生活方面看，这些地区对于餐具食器的使用主要以储存食物、水，以及饮用酥油茶为主，所以新华村的手工艺人在这一阶段也就为了满足消费对象的需求大量制作这一类的产品（图6-5）。但是随着经济的快速发展，慢慢地从器型的种类、材质的选用方面都有了新的需求，有了对于银制品乃至金制品的订制，并且增加了首饰、服饰配饰等多个类别，并且市场需求量也在逐年扩大。这样的需求条件下，整个传统手工银器制作成为集合了原材料的粗加工，模型板材的制作，银器产品锻造成形以及终端销售的完整产业链条。在此基础上，是绝对可以由一个点去带动整个村落、地区的区域经济发展的。多边交流和多方需求的出现，同样带来了新华村传统手工艺银器制作的新思路。承载在手工艺品上的典型鹤庆白族装饰图案，渐渐与外来订制订单的要求和需要所融合，出现了很多既有新华村传统特色又能够和订制方的传统文化、风俗习俗结合的新的艺术形象的出现，整体上呈现了多元化发展的特征。最后，在新华村银器发展中，不管是工具、材料、装饰等如何改变，无不是在传统基础上进行的创新（图6-6）。

图6-5　/　新华村传统制作的银器手工艺品

图6-4　/　新华村银器手工艺人制作现场　图6-6　/　创新设计题材的银器手工艺品

2. 发展现状

在社会和人文环境下，对于云南民族村落中传统工艺的发展既有继承也有消退。继承是在传统基础上创新，适应现代生产生活，而消退则指的是产品本身的匮尽或被其他产品取代，逐渐被市场淘汰，代之以新兴的产品工艺。因此，对于民族村落中传统工艺的发展和消退要及时制定应对策略，以便拿出更好的产品或办法，继续适应传统工艺的发展，这样的方式在传统工艺发展中较常见。

云南民族村落中的传统工艺具有自身的文化内涵、审美价值、实用价值，以及较好的设计尺量，在长远的发展中受到各方面环境因素的影响，从而伴随着传统工艺部分内容因适应不了环境逐渐消退。随着传统工艺的发展，消退的内容主要表现为：第一，工艺材料的改变。经济效益和现代审美的双重考虑，传统工艺介入新的事物。例如作为大理周城村扎染主要染色原料的板蓝根，虽然取之于大自然，天然无公害，但是其生长周期较长带来的使用成本增加，将板蓝根再制作成染色剂又需要烦琐的工艺流程而增加时间成本，且制成品一直被褪色的问题所困扰，所以，现在整个周城村都已经用化学染色剂代替了传统的植物染色方法。在对传统使用的工具更新迭代方面，大理新华村也随着科学技术的进步有了相应的改变，如传统的焊接工具由于精度低、操作复杂，现在已经完全被空压焊接设备所代替。全机械化的压片机的使用，使整个锻造的工艺完全告别了传统手工锻造的人力操作时代，提高工作效率的同时，也进一步保障了安全生产。以木雕产业为发展特色的云南省剑川县沙河村，在2006年之前，工艺上全是以手工雕刻作为实现艺术创造的主要手段，随着时代的发展也开始在锯开原材料、刨平木板等工艺环节开始使用电动工具。但是随着订单的需求扩大，以及自身发展的生产规模扩大，也开始向其他工艺门类学习，将数字化的雕刻机器引入到木雕工艺中来。不仅很大程度上解放了生产力，而且在雕刻精度和效率上也得到了明显的提升。第二，地域化特色逐渐模糊。新媒体和互联网信息技术的发展，扩展了民间手工艺技术的传播范围，改变了传统工艺产业的销售和宣传模式，加上大众审美喜好的影响，导致目前市场上云南民族村落中传统工艺的地域特色逐渐弱化，出现过度迎合大众和市场的倾向。如鹤庆新华村时常接外来的产品订单并根据提供的各种图案制作，过分按订单制作使鹤庆本土的传统工艺民族特色淡化，在大量使用外来的纹样的同时，使得当地特色的白族文化内容逐渐减少或是消失，甚至出现了新的手工艺人已经将外来的纹样作为主要创作内容的现象。第三，传统文化内涵的弱化。生于云南传统村落中的传统工艺含有一定文化内涵和深刻寓意，兼具文化与审美双重价值，但当前市场上的手工艺品过度重视审美价值，造成创作往往有形无神。

三　传统工艺在民族村落发展中的实践意义

通过研究云南民族村落中传统工艺的发展现状及演变，能够真实地了解到传统工艺发展的动态，因此能借助其发展动态来总结分析未来的发展方向，使传统工艺能够得到现实性保护传承。近年来，国家不断提出非物质文化遗产保护、乡村振兴战略以及民族传统手工艺传承等口号，期间，全国各地响应号召，陆陆续续地进行相关工作的实施，但是部分地区的效果是值得我们进一步去反思和探索的。

以鹤庆新华村银器工艺的传承为例，对于银器工艺的保护发展，策略上崇尚师徒传艺，这是值得我们思考探索的。以前新华村的白族银器手工艺人跟着师傅学习技艺时必须要完整地学习传统银器工艺所涉及的全套技艺。具体将分为以下几个主要流程：首先是图案、形状的设计构思，这一环节主要是把所要的图案元素通过绘画的方式在图纸上进行呈现；其次，原材料的选取，在这一步就需要结合所要制作银器的具体大小去选取原材料，并通过熔炼、锻打或是抽丝的工艺，提前把后期需要的材料准备好；最后，则是把准备好的材料锻打成设计好的造型，并把之前在图纸上绘制的图案通过錾刻的技艺表现出来。现如今，随着旅游业的兴旺，同时也带动了大理鹤庆新华村传统手工艺银器制作产业的大力发展，而这种需求量陡增却带来了对传统手工艺发展不良的影响。为了快速满足订单的需求，出现了很多大量使用机械化的方式替代手工完成制作，以及创意开发停滞、大量模式化生产令产品同质化严重的现象。作为传统工艺最具魅力的手工艺术在这样的需求下消失殆尽，机器的介入几乎使得部分工艺技艺走向消亡。并且由于传承人断代的问题，一些传统的工艺技艺也将随着老一代传承人的老去，逐渐在目前的银器工艺中逝去，最终将会直接导致我们流传千年的这些传统的工艺技艺不再会有年轻人掌握和传承下去。现代的商业模式引入到传统工艺的商业发展中，就会在只考虑利益的原则下让年轻人失去对传统工艺去深入了解和学习的动力。大理鹤庆新华村的实地调研了解到，完整熟练掌握整套银器的工艺流程至少需要三到五年的时间。这让现在很多追求短、平、快让利益最大化的年轻人，萌生了很多投机取巧的想法。他们不再会为了银器制作去学习传统工艺，甚至出现了很多销售银器产品的店家对银器制作传统工艺根本不了解的情况，只考虑低成本地收购市场上的银器产品进行商业化的运作。一旦年轻人失去了对传统工艺学习了解的动力，最终将会导致这些传统工艺的发展或是传承出现断代的严重问题。从市场的角度上来说，也许短期可以推动发展甚至满足市场需求，但是从长远看来，对传统工艺以及根植于传统工艺背后的传统文化的可持续性发展，才是真正合理的发展思路。这样的发展，是一个民族文化和历史传承的见证，具有深厚的文化价值。在鹤庆新华村银器工艺的传承中强行用机械化代替人工制作，以寻求短暂性的高质量工艺品，但其内在结构还是面临着不稳定性。

其次，从鹤庆新华村银器文化价值中研究银器市场迎合度的思考。产品的文化附加值，就是指在产品的销售过程中所形成的、由文化因素所赋予的、超出产品本身物质使用价值的那部分价值。[1]传统银器手工艺产品中文化附加值的体现，是覆盖整个银器产品从设计思维想法诞生一直到终端销售环节的完整输出，具体体现在超越产品物体本身，结合鹤庆当地白族文化赋予的精神价值部分。在新华村，使用传统工艺制作的银器作为一个载体，通过手艺人的双手来赋予其具体的形式，再通过白族传统文化赋予其精神内涵。走向市场之后就可以达到既满足消费者的物质需求又满足对于文化、精神需求的效果。就目前出现的问题看来，明显在鹤庆新华村的银器传统工艺品上，对于文化属性的表现或是开发明显不足。在对当地的传统文化表达方面，无法体现出新华村银器的历史背景以及传统文化，多以一些缺乏底蕴的或是缺乏当地特色的内容出现。而对于传统文化的表达恰恰是手工艺产品最具魅力的地方，根植于鹤庆白族的传统文化是对生活在这一地区民族村落中的人的生活习俗、宗教信仰，以及价值观的最直接体现，也是对这个民族历史发展背景和文化传承的重要属性之一。所

1　陈文苑，李晓艳《民俗文化村少数民族传统手工艺品产业发展研究——以云南新华村银器为例》，《贵州民族研究》，2017：35。

以，鹤庆新华村的银器传统工艺不能因为文化而复制、增加文化，不然会带来表现形式及市场的失衡。

四　传统工艺保护发展的策略

传统工艺的发展推动云南民族村落的振兴，这样的发展是一个可持续的发展，所以在发展中不能仅仅只站在文化传承的角度。实践证明，传统工艺能够与云南民族村落的发展产生必然的关联，让民族村落更有生命力地发展，这种贡献才能以一种持续输入的方式带动村落的发展。传统工艺在云南民族村落的保护发展中既有机遇又有挑战，产业型的发展对于这些非物质文化遗产的保护来说无疑是一种破坏。留存于云南民族村落中的这些传统的技艺都是纯手工的，其主要的特点就是制作时间较长带来的人工成本增加，最终导致产品的价格攀升。尤其是近些年来，这些传统工艺品由于价格偏高，自动化、机械化的批量生产模式就应运而生，机械化代替手工，对非物质文化遗产保护造成了一定的影响。根据在云南民族村落中传统工艺的现状调研，有针对性地找到了问题所在，并提出保护发展传统工艺的对策，使传统工艺得到更好的发展。在民族村落中对传统工艺的保护，需要理性地看待，区别对待，通过科学有序的策略按照计划进行，这样才能更好地帮助传统工艺可持续发展，具体可以从以下这些方面做起：

第一，在可持续发展的原则指导下，对传统工艺所需原材料合理运用与开发。生产原料是传统工艺生产的基本条件，特别是生产原料相对稀少的，长期稳定的原料来源就显得尤为重要。对于原料为不可再生资源或格外珍贵的，如石雕、木雕、金属、扎染等传统工艺，生产原料会对传统工艺生产起到一定的限制作用。

第二，文化保护意识注入到传统工艺中。传统工艺自身所表现出来的技艺特色、地方特色和艺术特色是传统工艺的魅力所在，也是云南民族村落的特色所在。云南的民族村落普遍属于经济欠发达地区，不仅信息接收滞后，其主要产业也是围绕农业来开展。但恰恰是这样一个闭塞的环境，给传统工艺的体现和表达各自独特的民族民间文化创造了良好的条件。源自民族民间文化的图形纹样成为一种符号化的载体应用到传统工艺之中，其本身就体现了传统与现代生活的交流，也是一种工艺与文化发展的融合。在这种独特环境的引导下，云南民族村落中的传统工艺发展至今，通过图案纹样显示出各具特色工艺作品的形式美、材质美，不断地增加传统工艺的魅力。由于上升到了非物质文化遗产保护的高度，国家对这些民间文化的重视也逐渐提升，传统工艺已经变成了一个热点话题，受到全社会的关注，云南作为一个拥有多民族的大省，丰富多样的传统工艺逐渐地被世人所熟悉。有了这样的关注度，对传统工艺的发展可以说是一个千载难逢的机会，在发展产业的同时，也提高了人们对于这些根植于民族村落中的传统工艺的保护、传承意识，也对弘扬传统文化起到促进作用，最终体现出民族村落中的文化和民俗风俗，在现代艺术的熏陶下，创作出属于新时代的新作品。

第三，树立传统工艺产品的品牌效应。站在产业化发展的角度上，去发展一个纯工业的传统工艺产业必定会违背保护传统工艺的初衷，传统工艺是一个有温度的手工产业，和冰冷的机器产生了明显的对比。而这种品牌效应的树立主要就是通过注入我们民族村落中蕴含的民族文化、民间特色来实现。通过文化内涵的支撑去创新设计出新的传统工艺品，再在市场的引导下以产业化的模式进行输出，在产业发展中实现传承传统工艺的文化内涵。

首先在拥有优质资源的基础上，可以通过与国家级、省级的非遗传承人建立一种有效的合作关系，把优秀的设计人才汇聚起来，共同搭建一个打造品牌的模式。在这种人才汇集的框架下，主推优质的高端产品，以私人订制的发展理念来树立品牌的价值。在这种模式下输出的产品就将是一种具有极高收藏价值，能体现传统文化内涵的样板，为新的传统工艺从业者树立榜样，推动人才培养进步。其次，也需要一些低成本、迎合普通消费者，面向大众旅游市场而开发的文旅产品，去丰富传统工艺的表现形式。在这种方式的引导下，避免了由于纯手工、高成本带来的低效率，和资金收入效率缓慢无法支撑从业人员或企业正常运作的问题。例如，加大以诸如鹤庆"李小白"为代表的传统工艺知名企业建设，就成为从事传统工艺企业提高市场竞争力，和可持续性发展的重要手段之一。随着外界对民族传统工艺村落产品需求量的增加，传统工艺村落原有的产品种类经过开发，越来越多。如周城村原有的扎染图案只有4种，后经过开发，现在已达1000多种。云南大理剑川县狮河村的木雕工艺刚兴起时，凭一套老格子门作为样本，图案也仅有数种，现在已达数千种。概括地说，是要依靠当地以及形成规模的市场为媒介，传播精美的传统工艺作品。依托传统工艺展示传播当地民族村落特色；依托旅游小件工艺品展示传播木雕文化。

第四，将教育资源引入到传统工艺的保护发展中。党的十八届五中全会已经明确提出，要"构建中华优秀传统文化传承体系，加强文化遗产保护，振兴传统工艺"。并且联合国教科文组织颁布的《保护非物质文化遗产公约》中，已经详细列举确保非遗生命力的多种保护措施，还继续强调了"特别是通过正规和非正规教育"的传承的指导思想。所以，自2005年开始，经云南省区文化厅推荐，文化部经过严格的考察和选拔过后，云南艺术学院设计学院在文化部联合教育部印发了《关于实施中国非物质文化遗产传承人群研修培训计划的通知》，作为全国范围内的第一批23所试点高校之一，开启了"中国非物质文化遗产传承人群研修培训计划"。

时至今日，云南艺术学院设计学院作为全国首批和云南省内唯一的研培高校，已先后完成多期多人次的研培任务。研修旨在推动跨界交流增加学养、开拓眼界、提高能力，主要针对具有较高技艺水平的传承人或资深从业者，省、市级的代表性传承人或国家级代表性传承人的徒弟参与。云南艺术学院设计学院第1期"研修班"开班，迎来了云南省传统工艺的杰出代表。大多数学员已经获得了各个级别的工艺美术大师称号，并已获得非遗传承人的资格认定，涉及的传统工艺种类也覆盖了木雕工艺、金属工艺、陶艺、玉雕工艺、扎染工艺、刺绣工艺等多个门类，且学员来自云南各个民族村落中的彝族、白族、傣族、汉族等多个民族。

最终效果不仅与各部门制定的要求和标准达到高度一致，而且在整个过程中无论是思路还是教学内容，都完全符合《非物质文化遗产保护公约》的精神。以高校办学的严谨学术精神为指导，在完成任务的同时，将非遗的传承保护从规定转变到具体的实施方式和手段上，真正做到了将理论上创新方法带入到了传统工艺之中，让传统工艺实现了向现代设计转换的目标，不仅提高了对非物质文化遗产传承保护的水平，还为传统工艺的振兴做出了贡献（图6-7）。

图6-7 / "非遗传承人培训群研培计划"学员合影（云南艺术学院）

2009年，云南艺术学院设计学院已和中国云南非物质文化遗产保护中心建立全面合作关系，推出了具体的实施方案。运用高校教育资源的优势，在优质教师团队作为保障的基础下开展"非物质文化遗产传承人进设计课堂"活动，目前已持续了十九期。有计划、有步骤地组织非遗传承人走进高校课堂去接受专业的指导。通过深入的交流和研讨，共同加深对于民族民间文化、传统工艺的认识和理解，应用设计创意手段帮扶传承人合理开发产品，实现"活态"传承。同时，将高校的课堂变为一个保护传承非遗的重要阵地，让师生的交流变成艺术创造的灵感来源，最终实现非遗的传承保护与高校教育的无缝衔接（图6-8）。

图6-8 / 木雕传承人黄福恒
现场教学（云南艺术学院）

图6-9 ／ 木雕传承人尹德全（云南艺术学院）

到目前为止，活动相继聘请近百位传统技艺类国家级、省级非物质文化遗产传承人，走进设计专业课堂进行交流授课，被聘为学院的特聘专家实践教学活动凸显丰富的非物质文化遗产资源，表现传承人传承传统技艺的风采，充分展示了云南优秀的民族传统文化，成为学院专业特色化课程教学的亮点，受到社会各界的关注与好评（图6-9）。

在这样的活动中，作为中国木雕国家级非物质文化遗产传承人的段四兴说道："传承不可一次而终，后续还需不断跟进。相对我来说，一个月的培训时间较短，在适应大学教学模式之后，想要继续学习的心更加迫切。对于一位手艺人来说，现代设计艺术给我带来了极大的帮助，传统与现代的结合使得'非遗'技艺能够更好地适应现代生活环境，为现代生活服务。同时，希望'非遗'可以进入到中小学，使祖辈流传下来的技艺能让更多的年轻人去认识、去了解。只有培养了下一代对于传统工艺的认识，才会让传统的'非遗'技艺在下一代之中去运用，才能更好地一代一代进行传承。"这些传统工艺进入到高校中来，不仅拓宽了教育开展的宽度，也使得教育的内容更加深入到传统文化之中来。来自云南民族村落中的传统工艺就像新鲜的血液一样注入到课程教学体系之中来，丰富了课程的内涵，也让教学形式不是简单地从理论到理论，而是变成一种理论结合实践，在实践中检验理论的完善机制。参与的教师也将随着课程的开展得到一个进一步提升自己对于传统文化认识的难得机会，这些措施无疑会对高校人才培养起到重要作用。不仅仅是在云南艺术学院，目前在中国的很多大学甚至中小学，尤其是有艺术专业的院校，都非常重视把手艺人直接带进课堂，和学生零距离地讲述和介绍这些来自民间的手工艺。这样活动的开展，理论结合实践的方式，使学生产生了极大的兴趣，在兴趣的引导下，激发同学们对于这些传统工艺的热爱和保护欲，也使他们更愿意为了文化传承做出自己的努力（图6-10）。

图6-10 / 学生木雕创意作品（云南艺术学院）

在云南民族村落对传统农耕经济结构产生变更的大背景下，传统工艺的发展应该放眼未来，以可持续发展的原则为导向，不仅保护还要把存在于我们云南民族村落中的传统手工艺传承下去，最终实现让传统工艺为云南少数民族地区的区域经济发展提供新的思路。

五　小结

在国家振兴新乡村发展战略的大背景下，文化建设和经济发展都是密不可分的两大主题。乡村是传统文化的直接载体，振兴乡村经济的同时也要守住传统文化的文化基因，以一种"和合共生"的方式将我们的乡村文明和城市文明结合起来。在保护和传承根植于民族村落的传统工艺的同时，更多的是让我们整个民族找到文化的认同感，这样才能更好地树立文化自信，以一种活态的方式去保护民族村落，传递村落文化。在这样的语境下，我们的传统工艺才能得到健康发展，才能更好保护和传承这些优秀的非物质文化遗产，将传统工艺表达的文化价值最大化地体现，用其独有的魅力为民族村落添彩。通过可操作的方式和手段，去振兴这些民间和民族村落的传统手工艺，在其中解读我们的乡村生活、风俗习俗，让传统工艺带着它们自身的文化属性，成为保护和发展云南民族村落的核心力量。

第七章
云南少数民族村落传统
服饰调研与改良实践

本章以云南新平县南碱村花腰傣传统服饰调研
与改良实践为案例，通过对传统服饰文化挖掘整理、
传承创新过程的探索历程，从服饰艺术和传统服饰
样本库的角度，用"三个三"概念表达并进行了相
关的经验总结和理论分析。建设模式和建设经验的
"三个三"即管理机制三方互动，行动过程三个内
容，目标达成三项理念。通过行动过程的三个内容
表述，说明了传统服饰调研与改良实践需要各方互
动合作，尤其重要的是，只有村民对服饰调研、服
饰改良表现出积极响应的态度并主动参与，才能够
全面地体现当地民众的自我主导意识，这是对传统
服饰文化有效保护和可持续发展的根本保障。

一　传统服饰改良由谁说了算

　　云南少数民族服饰文化所包括的服装结构、手针缝绣及
着装过程等等，具有很多方面的与众不同。就拿中国服装史

作为比较，因针对那一群体服饰的文字记载和考古实物从量和质上来衡量，都远远胜于云南少数民族服饰的史迹情况，因此不论是"谈"过去，还是"看"过去，"历史"的"事实"特征还是具备了的。与此相比较，却很难将云南少数民族服饰之于服装学领域内的某方面剖析建立在具体现存服装从无到有的发展过程之中。事实上，云南少数民族错综复杂的历史足以令一切想要以按部就班或依从经典的方式研究服饰问题的计划以不知所措而告终。

中国服装史的形成是在一个相对固定的地域内随历史发展变化而来的。西洋服装史则是在一系列文明移行的疆界上，于复杂的历史背景中陶冶而成。云南少数民族服饰的悠久历史也许可以这样来表达：长时间的并不到位的缓慢朦胧积累。这期间即使也发生过一些较为明确成熟的个体服饰的完备，例如大理南诏国宫廷服饰，但是这也只能称作服饰文化的移植到位。对多元共进中的大多数族群而言，具有显著民族特色的成熟服饰的出现是在20世纪70年代末到80年代，这十多年的短暂时空之中发生的。由于精神积累的饱和、物质条件的充足、环境条件的共融等等，内外因的结合条件，如一根根贯导珠子的绳线将各少数民族的服饰因种种原因形成的支离破碎牵带了起来，不论是曾经的面貌，或是深埋的躁动，一并呈现出来，使得这一时期成为云南少数民族服饰勃发性完备成熟的黄金时代。服装结构、缝绣工艺及着装过程中的一系列特色都是针对这一特殊过程的成熟期而言。这一大批越来越多的人都共识为宝的东西，在其突放异彩、勃发生机的十几年后，旋即以一种似乎是势不可当的方式悲壮地走向死亡。市场经济和全球化构成了对少数民族服饰文化前所未有的严峻考验和挑战，我们正在亲历这个过程。许多好心人开始忙这忙那，为民族服饰的起死回生不遗余力。"老样子不可能有人再穿"的最为通俗易懂的现实摆在人们面前，改革之声不绝于耳。云南民族歌舞之乡的舞台上呈现着当称改革先锋的红男绿女，大大小小的T形台上是各种改革尝试的角逐。大力倡导，积极号召，学术研讨，专家座谈，不一而足。

如何对待民族服饰的衰亡？"衰亡"的提法合适与否？我们现在面对的云南少数民族服饰也许正在这种更新、修补、改良一应俱全的"疗治"当中。从历史上各种文化获得新生的诸多范例中寻求规律、找到借鉴，当是对待云南少数民族服饰的未来所应该做的清醒的反省。反省之后如何行动则是一个涉及多学科领域的庞大问题。

从文化的角度来看，少数民族的服饰文化能否从容应对市场经济和全球化，实则是取决于一些深层次的因素，如果在文化根基牢、结构稳、内涵深、自信高的前提之下，人们往往就会有强烈的进取心，少数民族服饰就能面对现存的各种服饰文化的优秀部分，因势利导，科学合理地吐故纳新，从而构建起全新的服饰文化。这样的时势之下，民族文化生态村项目必然受到大家的欢迎，新平县南碱村花腰傣[1]传统服饰调研与改良实践是具有创新性和开拓性的服饰文化保护和传承的理论和方法，是勇于实践和富于成效的实验和范例。

新平县南碱村是"民族文化生态村建设"[2]项目的5个试点之一，这

1　傣族是新平世居民族之一。古代的"百越""滇越"等族群就是今傣族的先民。"傣族"一名是新中国成立后根据本民族自称，经过本民族人民同意后确定下来的。新平傣族有傣雅、傣卡、傣洒三种自称和傣角折一种他称。傣雅、傣卡、傣洒根据其服饰特征，习惯上又统称为"花腰傣"。

2　云南省委宣传部文化大省建设项目"云南民族文化生态村"由云南大学、昆明理工大学、省社科院及省博物馆等单位的专家组成项目组，并争取到了美国福特基金会对项目软件建设的资助，在全省选择了景洪市巴卡小寨、石林县月湖村、丘北县仙人洞村、腾冲县和顺乡和新平县南碱村5个试点。该项目以实现民族文化和地域文化的保护以及对乡村和谐与可持续发展模式的探讨为目标，秉承在发展中动态保护生态和文化多样性的基本理念。

一试点在村寨的基础建设、村寨文化的重建恢复过程当中都取得了很好的成绩。就花腰傣服饰文化而言，南碱村村民拥有了属于自己的比较成熟的相关管理经验和传承创新运作机制。

南碱村[1]是一个傣族聚居的村子，具有历史悠久的花腰傣文化和优美的田园风光。南碱村的地理位置有些特殊，正好处于花腰傣各支系聚居区的结合地区。南碱村的花腰傣是新平花腰傣三个主要支系中的一个。村民小组位于戛洒江畔，距集镇11千米，来往车辆及人流从县城出发，想要深入到花腰傣各支系的村落都必须途经南碱村，交通十分便利。

项目工作的重点之一就是南碱村花腰傣传统服饰的改良实践，与之相关联的花腰傣服饰文化传习场地也是建设目标之一，这是新平县的第一个自然村级传习馆。南碱村作为这两项工作的的试点，在运行过程中实施了很多尝试性的工作。南碱傣族文化生态村的建设，着重强调了村民、专家和政府三者间的互动机制。这样的"三位一体"可以表述为村民的主导是主要的，之后是专家的引导、政府的支持，共同搭建起传统服饰调研和服饰改良实践的可能性。村民才是最重要的原动力。项目组是怎样进行"实验"的呢？实验过程图示可以较为直观地加以说明（图7-1）。

南碱村建设模式和建设经验的"三个三"即管理机制三方互动，行动过程三个内容，目标达成三项理念。最终要达到创新的、可持续的、可推广的三个理念，具体工作是怎么做的？与村民之间是怎么互动的？下面，通过项目各方行动过程的三个内容来逐一解析。

1　南碱村名，追本溯源，应是傣语。村落坐西向东，总面积625平方千米。海拔520～540米之间，气温最高可达42℃，最低为15℃，平均22℃，属于干热的河谷。全年无霜冻，常有骤雨，全村56户，271人，全是傣族，自称傣卡。

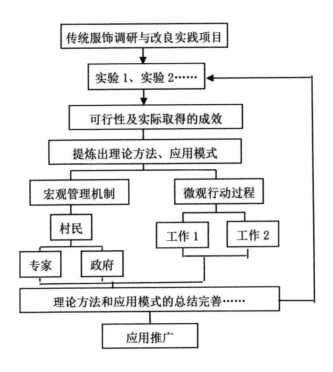

图7-1 / 为达到项目理念而进行的实验过程

二 系列调研和相关培训

系列调研和相关培训主要是体现我们与村民的一个新关系，培训的概念不是某个专家往讲台上一站，村民在下面听。一系列的培训是具有创新意义的，打破了原来的师生模式。村子里的奶奶们、大姐们一直都在给大家上课，关于南碱村的传统服饰她们就是比我们懂得多。专家和村民之间，专家和专家、村民和村民之间都在互动，也是妇女、青年、中年、老人等的互动。

图7-2 / 墨江帽和石莲子穗饰盛行于20世纪六七十年代

以县庆改良服饰为例[1]，当村民不了解自己的传统服饰文化特色时，传统服饰在新的环境中的再造平衡只能以彻底抛弃传统，全盘接受大文化所带来的现代服饰而告终。由于村民对自身传统文化的认识不够，宜先行摸底后再进一步调查，例如村民族谱、村户特色等都是卓有成效的。现在整个新平花腰傣地区流行着几样颇受欢迎的文旅伴手礼，例如石莲子挂件、水母鸡挂件、墨江帽银饰、小织梭花带、鱼脸耳坠等，都是由村民们自发恢复的传统手工艺品。

1　2000年新平县30周年县庆时，县妇联将一批庆祝活动使用的表演服装的刺绣加工任务安排在南碱村，加工任务完成之后，村民们照了样子，自己也穿了起来，于是就有了南碱村的"县庆服饰"。整套服装黑色主料，直襟背心翻领，一步西装结构短裙，上缀粗十字针刺绣。就其材料、造型、色彩及纹样任何一方而言，皆是随处可识，南碱的傣卡特色在哪里？村民们都说"不像我们的衣服"。

1. 找寻墨江帽和石莲子

　　花腰傣妇女们制衣技艺之"四会"包括会织、会绣、会缝、会穿。如此样样会，且样样手艺极好的女子却并不多，村子里五个巧手女人都是从一个叫作丙南的村子里嫁来南碱村的。很多在20世纪的六七十年代十分流行的漂亮服饰品，虽然在南碱村已不多见，但是到丙南村走上一趟就会收获满满（图7-2）。

2. 编织花带的小织梭

　　手织花带是花腰傣妇女专门用来系扎衣裙的，村子里几户人家的

图7-3　/　白克安奶奶用小织梭编织花腰傣传统花带

奶奶们还保存着少量的特别古老的花带，色彩雅朴、工艺精致。因为很多年不用了，织花带的小织梭已经很难找到。在村里白奶奶家就有一把古老的小织梭，用一块整木刻成，外形并不算复杂，却能依于奶奶的手指巧弄之间，织出漂亮的花带。后来云南电视台的记者们摄制并播放了一段白奶奶用小织梭手工编织花腰傣传统花带的镜头。自此之后，传统花带名气大增，小织梭在一夜之间就得到了恢复和普及，每户必备，人人会织。后来还陆续出现了新款小织梭，例如铝皮做的小织梭外观虽然欠了古朴，但其功能却是进步了的（图7-3）。

三　传统服饰传习场所的建设

在村子里待久了慢慢就会明白，花腰傣土掌房与传统文化的关系其实是不可分割的，每一处村民家的土掌房就是一座传统文化的小型博物馆，老房子如同一只储物的容器，一旦打碎了，内存物即会少了依托四散无踪。传统服饰、日用器具等都会自然而然地慢慢消失。大家想把村子搞热闹、弄好玩，没有个固定的活动场地总是不行的，村民们七嘴八舌都提出了这个愿望。建设花腰傣文化传习馆强调的是"新模式"。第一是"传习馆不等于博物馆"，因为它经常组织动态的传习活动；第二是"互动式的，集文化传承交流为一体"；第三是"家庭传习点的组织增设"。

1. 全村一心的众筹妙法

南碱村花腰傣文化传习馆建设管理委员会最后决定的建设方案是由村子里的能工巧匠做总设计师和技术监督，村民们决定自己动手大干一场。具体的技术措施由几个特别善于盖土掌房的村民定了下来：盖房子的土基由村民们家家户户自愿凑出，各色尺寸齐全，都是从自家老房子拆下的废旧材料中选捡出来的；木梁由几家正在拆迁旧房子的村民自愿捐出；增加竹筒结构的活动式展衣立架。村民们还利用旧木板和麻绳制作了秋千式展台；增加傣族木结构爬梯作为立体布展支架等等（图7-4）。

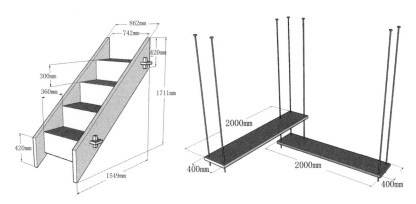

图7-4 / 村民们就地取材自己动手制作的展台和展架（胡仕海/绘制）

2. 百花齐放的服饰样本库

传统服饰的改良需要强调内发性，即向内发掘，不搞"拿来主义"或"修修改改"，改良创新需要在传统服饰的基础上，强化花腰傣自身的服饰文化特色，借传统服饰改良之风，使服饰文化得以传承发展。故此，对传统服饰体系的全面深入的挖掘研究，是服饰改良的首要前提。以传习馆为载体的样本库的建立能够充分展现传统服饰的方方面面，促进年轻村民对传统服饰体系的全面了解（图7-5）。

其次，样本库的建立能够提供传统服饰的相关数据采集条件，方便实现工艺流程的归纳整理等等，这一系列服饰文化内涵的揭示是服

图7-5 ／ 花腰傣其他支系的服饰也是传习馆里的样本组成

饰改良之本，是传统服饰文化教育及传播的活教材。通过一系列的工作，培养了一批优秀的基层带头人，村民们看到外面世界对花腰傣文化表现出惊讶和兴趣时，大家对自己的传统文化树立起了强烈的自信心。

四　尝试性的服饰改良

当今诸多领域文化的急剧变异，使服装的全球一体化趋势成为必然，世界范围内的区域性民族传统服饰与国际化主流服饰在经过相互磨合之后，主要体现出两种变异型服饰，第一种为混合共进型，即传统与现代服饰的多样重组。第二种为适时着装型，即将传统服饰认同为单一的象征物，成为民族文化的载体而以礼仪服饰的面貌出现。

　　如果说传统服饰的改良目的，是期望达到民族服饰于现代服饰的重重包围之下得以复兴与繁荣的话，这样的定位显然是不切实际的。关于传统服饰在新的历史条件下如何生存的问题，这实际上是一个在探索中不断进行尝试，从而距新的服饰平衡越来越近的改良创新过程。具体而言，如果南碱村传统服饰改良实践，能够使村民们自愿穿着传统服饰改良款的年平均次数有所提高的话，这样的过程本身就已经具有了意义（图7-6）。

图7-6　/　人们聚集在传习馆切磋交流传统服饰改良技艺

1. 服饰纹色的重新认知

　　村民对传统服饰的改良很有兴趣，专家们只是辅助一些征询意见、配置材料、裁剪技术、设备加工指导方面的工作。大家通过前期调研，总结出了南碱村傣卡服饰的设计要素，即色彩、造型、面料、辅料、结构等，通过这些要素的创新，村民们尝试了一组儿童女装和成年女装的设计。村里的妇女几乎全体总动员，共同参与，在农活收工之后熬夜加工制作。整个过程可以概括为调研、探索、创新相结合的实践活动。例如，人们大都认为花腰傣喜爱黑色或玫瑰色，但随着每家每户传统衣物征借工作的开展，南碱村传统服饰的共同属性逐渐明朗起来。首先是服饰材料及色彩组成大不一样。多数非常陈旧的传统服饰的主料是纯丝织缎面。缎面有素色的，有暗花的。由此看来20世纪50年代前的传统服饰的色彩多是鲜艳的，黑色很少见，色域极广，彩度和明度皆高。其次是装饰手段的差异，古老衣装的纹饰仅仅只是用异于主色块的缎条多色嵌拼，再加缉机织花边，但却没有出现手针缝缀的彩线平针绣和十字绣。村民们还表示，小孩子穿黑色不好，像老奶奶、孩子们的衣服颜色要鲜艳一点。服饰调研在前，村民的主动意识在后，这是服饰改良工作的一个尝试阶段，有待进一步探索研究（图7-7）。

图7-7 / 色彩亮丽的南碱村女童改良服饰

2. 服饰款型的新老并举

村民们对服饰色彩、纹样的改良十分满意，服饰款型的改良则表现出男装、女装两个不同的方向。传统男装的恢复得到全体村民的高度认可，而女装的款型则是紧紧跟随了时尚的潮流，特别是结构工艺方面的与时俱进突出显现。例如领子、袖子结构使用了驳领、翻立领、西服袖、插肩袖等等。服饰制作辅料的使用也很重视，对新材料、新工艺、新设备的接纳程度特别高。

传习馆建成之后，各家各户主动将传统服饰送到馆内供展示参观，村民们都能讲得出传习馆里陈列着的每家每户的老东西。村民改变了葬礼焚烧传统刺绣衣服的习惯，保存了大量的手工艺绣品。这些前所未有的良好

图7-8 / 多年不见的花腰傣传
统男装得到恢复

导向，得到所有村民的认同。我们深深体会到，文化是变迁的，应当根据村民的需要而改动，文化不是给别人看的，而就是在生活之中。经过一段时间的积累，村里的女人们恢复制作了一系列久已消失的传统服饰品类，例如绣花折扇、绣花手帕、面巾、钱包、腰带、传统男装、绑腿等等（图7-8）。

五 建设模式和经验的示范价值

南碱村花腰傣传统服饰调研与改良实践案例告诉我们，政府、学者和村民三结合功能的适当发挥是村寨文化建设的必由之路，但是上述三者的功能如何在各个不同的村寨建设中得到具体体现，还有待在建设过程中不断探索和完善（图7-9）。

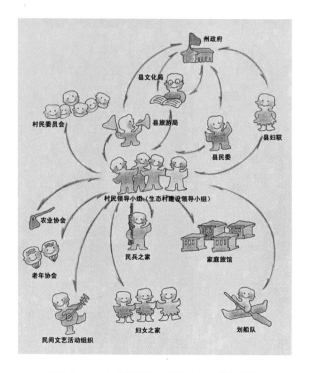

图7-9 / 南碱花腰傣文化生态村建设机制图

首先，村民是传统服饰调研与改良实践的原动力。村民有了愿望，专家给予支持，村民的主导作用在南碱村具有比较突出的表现。上面所提到的传统服饰调研和相关培训，主要是小组和参与式的互动，已经把村民的主导地位渗透和体现了出来。

第二点比较重要的是传习馆建设方面的经验，主要是关乎馆舍建筑和展品的征集等等。由于身处村落，我们必须随时随地，依不同的情况，决定如何借鉴、学习并采用不同的方法来协助和引导村民们。我们在应用经验的同时，更主要的工作是向村民们和大自然学习新的事物。传统服饰调研与改良实践过程充满了无限的可能性，学习亦无止境。

六　小结

　　传统服饰不可避免地要面对近代工业机械的、批量化生产方式的冲击。在服饰环境发生巨变的同时，竭力要保持传统服饰无疑是枉费心机的，无论以任何手段留住的"此服饰"已绝非是"彼服饰"了。传统民族服饰本初的功能早已随造就它的历史而去。

　　那么，传统服饰还有什么意义呢？人与服饰的关系其实应当是人如何与环境及生态共生的方法或方式，从这个意义上来说，传统服饰除了能与生俱来地反映各个不同历史时期的生产力发展水平，担当物质文化的体现者之外，传统服饰也是优秀民族文化的重要组成。传统服饰留下的其实是一种思想、一种文化。如果从传统服饰的文化含量不可忽视的角度来考虑，传统文化确实能够起到提升村民的日常精神生活质量的作用，我们可以积极尝试传统服饰与现代服饰并存的可能性，以及进一步认识它们之间互融互利的依存性，认识民族服饰作为文化提升工作的重要性。

第八章

云南少数民族聚落传统乐舞

的记录与活化

云南民族传统乐舞由于它的缤纷丰富的众多类型以及别具一格的艺术风格和其人文方面的重要意义，在长时间以来都被众多的专业人员、创作人员以及演员艺术工作者给予高度重视，被视作"十分生动的民族歌舞文化博物馆"，且在大陆以及国际形成了深远影响，直到现在依旧是艺术范畴里在演出、创作、教育、民族文化发扬以及巩固民族旅游、文化产业等领域探讨以及发展的核心因素。

　　通过针对云南民族歌舞乐长时间田野研究分析能够得知，其传统乐舞是典型的将心灵感受进行外化展现的一类表现形式，表现为别具一格的文化形态，展现出其特有的信仰系统。发展到目前为止，许多族群其中的信仰意识思想、时空意识思想、其中的社会秩序等许多不同的文化印记仍旧在将身—声—意当作核心行动的各种乐舞里面维护得十分显著、极其完整无缺。而且，传统乐舞其本身在具体的"体化实践"的不断发扬发展的步伐里，在业已营造的一些人文环境里面，在思想意识的持续发展过程里，仍旧表现为一类具有鲜明整体性的、内容比较浩瀚的系统，以及独具一格的具有艺术特质的文化系统，在身、声等内容上建立了比较全面的意义系统。该类型的东方艺术传统乐舞的身体意向性，包括群体舞蹈方面舞者彼此间的彼此意向性的交流以及彼此反馈，给大家展示了一幅生动形象的中国艺术画卷。它的在形体行为方面的文化艺术成就以及影响力，既要求后人在大家所在的后现代社会里面进一步理解以及探讨，并且也要求把这一传统乐舞当成营造文化的一类特殊的环境或者是某种场域，从里面探讨华夏儿女统一体的文明意义以及智慧框架，进而再现传统乐舞文化实践的历史维度，寻找历史在发扬以及作用艺术实践里所产生的影响，且创造出一个出于现实目标而挖掘以往资源的渠道。

本章通过对云南具代表性的民族传统乐舞深入的田野调查记录，尊重研究对象并确立文化持有者的内部眼界，"深描"文化持有者的艺术经验及传统乐舞的意义系统，致力于各民族传统乐舞在当下留存与发展中通过节庆事象的呈现以及相应的具象描述，勾勒其生存发展的现实图景，并据此提供民族"乐舞"传统生态观在当下艺术介入乡村振兴中的讨论线索和实践路径。

一　云南民族传统乐舞概说

云南，是族群文化最富集的地区之一，它既是现在内地民族种类第一丰富、支系第一繁多、民族艺术文化传统天然形态保存第一完整的地方，也是藏族、彝族、羌族等众多民族迁徙或流动的重要路线。"走廊"区域内除藏族、彝族这两个超过百万以上的人口族群，以及上述迁徙民族外，还有白族、纳西族、傈僳族、普米族、独龙族、怒族、哈尼族、景颇族、拉祜族、基诺族等多个官方认可的民族族群。由于这个区域族群种类众多，支系复杂，混住在一起，他们彼此间联结为地方性的且无法分开的族群模式，也就是在政治、经济、文化等领域彼此依赖的形式。同时所有全部的族群均是依靠和别的族群的彼此联系，使得彼此辨别，产生对自己的了解，而且现存着许多远久时代的以往遗留，因此在内地的民族区域分布里体现着特别巨大的代表性影响。

"踏歌"是一种古代先民的群舞形式。舞者成群结队，手拉手，以脚踏地，边歌边舞。踏地为节、连袂舞；顿足踏歌、拍手相合，这是人类社会中最原始的表达情感的方式。这一古老的舞蹈形式源自人类初期的洪荒岁月，那时的先民们往往将宇宙生成、人类起源等归于那些神秘的缘由，心灵的渴求与情感的介入使各种观念意识融汇到文化的载体——人的生命里，化为古拙的长歌劲舞。正所谓"情动于中而行于言，言之不足，故嗟叹之；嗟叹之不足，故咏歌之；咏歌之不足，不知手之舞之，足之蹈之也"。（《毛诗序》）

云南众多的少数民族舞蹈中，有许多民间舞种都属于古老的踏歌形式，如普米族的"搓搓"、纳西族的跳脚、彝族的打歌、拉祜族的葫芦笙舞等。早在夏、商、周三代，云南先民古代氏羌族群就生活在青海、甘肃一带，创造了古代号称"东方大族"的灿烂文明。从滇西北丽江、华坪至滇西的保山、大理、巍山、南涧等地，继续往滇中的楚雄至滇西南的景东、永德、镇康等地区，至今都有葫芦笙打歌这一踏歌现象。历代的汉地文献中也不乏这样的记载：商代以前的《诗经·小雅·鹿鸣》载："我有嘉宾，鼓瑟吹笙。"《礼记·明堂》载："承疱（状）羲制，始作笙簧。"三国至唐，《新唐书·南蛮下》中载："一人吹芦笙为此首，男女牵手，周旋跳舞"，"幕夜行巷间，吹壶（葫）芦笙"。近代的《云南通志》载："倮黑聚时，亲戚会吹，吹笙为乐。"道光《威远厅志》之载："倮黑性鲠直……男女杂聚，携手成围，吹笙跳舞。"《元江州志》载："烹羊豕祀先，醉饱笙歌舞之。"[1]

乐舞一直是能够反映族群艺术和展示族群思想、观念、习俗等丰富的族群思想观念的典型表现方式，乐舞的发生常常是在村寨集体祭祀、节庆、丧葬、婚礼等重要仪式上，是仪式过程不可缺少的重要部分。而传统乐舞本身的重复性、丰富性、模仿性使本族文化基因能够代代相传，并和仪式一起保持着持续的生命力，这样的仪式场域释放出只有本地人才能理解的文化象征意义。

亘古悠远的历史长河与天地万物共生同构的意识，不仅是云南各族群最富现实意义的一种人文精神，也是最基本的一个历史文化特征。族际关系上的血脉相亲，生态环境的唇齿相依，使得经历过漫长、艰辛迁徙历程的人群在不同的历史阶段沉浮显隐，在特定人文精神与自然环境间相互作用而形成的人地关系的文化生态空间下，以游耕或山地农耕文化为主导的历史记忆、族群认同、宗教信仰、生态伦理意识及民俗生活，涵化为灵动多样的乐舞形态文化，形成了丰富多彩的区域性的"族群"乐舞系统。这一"刻写实践"，在不同区域的族群互动与文化交流的过程中，各族群日常生活间相互接触、你来我往，在自我与他者的相互区辨中，内部及族际之间的记忆不断积淀、不断深化，并最终体现为持续流变的具有共同血缘、地缘、原乡观念

1　云南省普洱市文化局：国家级非物质文化遗产《拉祜族芦笙舞》项目申报书。

的共同体认同。从这个意义上说，云南既是一条不同民族文化间相互交往、交流、交融的乐舞文化走廊，也是我国境内丝绸之路的连接线。

二　仪式场域中的乐舞"表演"

宗教学、社会学和人类学关于仪式的研究理论对宗教仪式乐舞的研究有着重要而直接的影响。在此背景下，仪式乐舞包含了以下三层含义：[1]（1）与各类宗教发生精神关联的信仰仪式中的乐舞；（2）发生于世俗生活中的各种仪式化行为与事件中的乐舞；（3）发生于日常事件中，但仪式化了的乐舞表演行为。这三种仪式乐舞类型，在云南民族传统乐舞中极其丰富。楚雄彝族自治州双柏县法脿镇小麦地冲村彝族倮倮支系虎节祭祀时的"老虎笙"，便是图腾崇拜的典型事象，也是在人类社会进入21世纪以来依然存在于现实生活中的人类较古老的祭祀性仿生乐舞。

小麦地冲倮倮人的笙分为老笙和新式笙两类。老笙是传统的跳法，有笛子在此过程中引领队伍唱跳，因为节奏较慢，主要由上了年纪的老人在入册（即搬家）、婚礼及虎节上跳。年轻人则更喜欢跳节奏欢快的新式笙，也叫左脚舞，月琴弹奏加入其中，在婚礼和虎节上都会跳。"阿索扎"是一种情歌对唱形式，歌词含蓄，讲究喻意，因为每唱完一节，由"阿索扎尼哟！"结尾，故名。现在会唱"阿索扎"调的多数是年过半百的老人，村里的年轻人更愿意唱时下的流行歌曲。老笙和"阿索扎"调是小麦地冲主要的本土艺术形式，而老虎笙是小

1　熊胜祥、杨学政主编：《云南宗教情势报告》，昆明：云南大学出版社，2004年版。

图8-1 ／ 老虎笙现场

麦地冲傈倮人最重要的艺术形式，小麦地冲也因此闻名海内外（图8-1）。

老虎笙的主要内容包括人模仿老虎习性和老虎模仿人的稻作生产两个套路，每年正月，小麦地冲彝族傈倮人打扮成老虎的模样，跳虎的队伍绕村而舞，最后在一块宽畅的晒场上，按照犁田、耕地、耙田、撒秧、薅草、收割、打谷、扬谷等生产劳作顺序，以及老虎出山、老虎开门、老虎找食、老虎找伴、老虎搓脚等一系列居家、生活、繁殖后代的身体动作展开。

老虎笙是彝族古代虎图腾的遗风，源起久远，其背后最为重要的功能，是促进本族或社群对于同一种文化观念的一种认可。传统的小麦地冲虎节仪式基本结构分为请虎、跳虎、虎驱鬼扫邪和送虎四个部分，从正月初八开始，一直延续到正月十五的午夜12点。基本流程简述如下：

第一阶段：请虎；时间：正月初八至正月十三。

正月初八晚将近9点，小麦地冲的老人们开始吹起笛子，在虎笙源跳起节奏舒缓的老笙。大约半小时后，老虎头一边大叫着"罗嘛"，一边挥舞着手中的竹竿，带领虎队进入场子，跳起老虎笙系列中的人模仿老虎生活习性的十二套动作。在传统的倮倮祭虎仪式中，或许正是这此起彼伏的身影随意地加入与游离，强调了人与人之间的和谐，因为每一个人不仅形成互补、互融的关系，也是这个文化场景中的一部分。而文化中这个场，是由每一个人的参与、配合和努力来完成它的和谐和正常运行。这种乐舞活动的观念是社会性的而不是舞蹈性的，这种观念允许任何没有舞蹈经验的人来参加，它作为思想情感的交流体，联系着文化习俗。这个时候，人的参与是主要的，人心的和谐是本质的，而音乐只不过是一个手段，它的结果相对而言是不重要的，重要的是参与的过程。

第二阶段：跳虎；时间：正月十四。

正月十四清晨，很多外村人陆续赶到小麦地冲来走亲访友，准备等到中午一起到石闸门看老虎笙。虎节祭祀活动很有特点，由毕摩用算卦方式在村子里选出8名体魄健壮的男性年轻人扮作8只老虎，统统采取红色调、黄色调以及白色调的一共三种色彩的广宣材质，并于胳膊上以及下肢部位描绘虎的纹路，采取白颜色的色调在面部描绘眉目、鼻腔、有着獠牙的大口、胡须，在眉部中间描绘出"王"的字样，非常形象地像一头猛虎的样子。装饰为猫咪的成员，仅仅画一个脸就行，除去眉目中间无"王"字样，与猛虎的具体脸谱是完全相同的，不过公猫采取的是白颜色的色调，而母猫采取的是黄颜色的色调。等到化妆全部结束，仪式便开始，这时刻开始"老虎"们只能表演，不得言语。之后，虎队所有队员跪拜在石闸门的山神树面前，毕摩在山神树下插上一条松枝、五炷香，抱着一只公鸡，摆好一碗酒作为祭品，然后左手摇铃，念诵请虎词（图8-2）：

图8-2 / 《祭虎调》曲谱

祭祀的整个典礼完毕之后，虎队便出动一起舞动羊皮鼓，同时使用起了锣，于石头制作的老虎前方的地方表演老虎笙。需要指出的是，舞蹈内容依旧是演绎猛虎平时的出没习惯以及演绎人类的稻作行为过程这些方面，这一套乐舞穿插于虎节的整个过程中。模仿老虎生活习性的乐舞环节一般实际分成了开门（猛虎站立）、往前方做垫脚动作、向后方做垫脚动作、寻觅可吃东西、择偶配对、抚摸脚部、进行深吻、接触臀部、老虎跳跃、摩擦脚部、穿花、龙摆尾，全部十二套；演绎人类的稻作行为过程的跳舞只在正月十四祭石虎结束后在石闸门跳，主要包括的是背粪、犁田、耙田、撒种、拔秧、栽秧、薅秧、收割、打谷，全部有九套。

第三阶段：虎驱鬼扫邪；时间：正月十五。

这一天上午，虎队前去土主庙位置的原在地方举行祭土主活动，典礼内容与头一日石闸门地方的完全一样。等到虎队的跳舞全部结

图8-3 / 《驱秽调》曲谱

束，在老虎头的引导下，全程锣鼓喧天地行动起来，朝着山底下的半山坡方向开拔。平时的一年一度的跳虎队所进行的赶鬼驱疫均是自这半坡进行的，末了之时在一社完成全部活动。

虎队到所有村民家驱鬼扫邪的仪式几乎相同，家家户户燃香烛供虎神，虎队依次在每户人家逐一开跳，从房前跳到房后，从门前跳到屋里。如来到姓徐的人家，除祟词就要念"徐氏门宗门前要一要"；来到姓李的人家，就改成"李氏门宗门前要一要"，这个"驱鬼除祟"的过程，彝语称为"罗麻乃轰"（图8-3）。

第四阶段：送虎；时间：正月十五。

正月十五下午，第四个阶段即送虎环节。虎队的成员依旧于虎笙源的地方做出演绎猛虎平时出没习惯的样子，紧接着，猛虎头引导整个虎队的成员进发庄子以东方向的"叫魂梁子"，紧随的是拿着香火的百姓们。等抵达"叫魂梁子"之后，虎队的人们对着东边开始鞠躬，以示猛虎重归山中。读完之后，往回走至一个比较大的场地，重又进行一回老虎笙，至此，整个虎节仪式完成。

老虎笙是典型的一种"显型文化"乐舞，其既充分地反映了一类比较个性的思想，又营造了一种比较特别的氛围环境，堪称饱含显著思想特点的艺术种类，同时，它又以整齐划一、有序递进却又多样统一的形式，在漫长的历史发展与族群互动中形成了一个具有自我文化显著特点的解释体系，依靠这一饱含形体实践性的办法，反映出针对自我的认定以及描述。老虎笙所体现出的集体性正是虎节仪式所需要的表现自我、凸显自我的精神气质，并且其统一表现的美感并非单单拘泥于动作上面，它所形成的队形同时也是一项比较关键的方面。老虎笙自身所表现出的队形主要是以正圆形为主，同时又表现为明显的"一"字形，两种形状均为非常代表团队典型含义的几何构造。同时单面形式的羊皮鼓以及铜锣虽然并不十分大气，然而非常掷地有声的、特别具有节奏韵律的敲打响声，进一步从听的感受上提升了老虎笙于视觉方面的艺术统一性。源于看的感受与听的感受的统一性，大大激发了老虎笙的参与舞蹈人员与观看的人们的思想共识，族群边界与文化认同也在身体呈现与意义阐释间得以建构。由此可见，老虎笙不仅是小麦地冲文化体系中最重要的艺术形式，而且也是小麦地冲人生活中最重要的文化事件之一，更是其文化的重要标志。

作为古老的乐舞形态和文化形态，"老虎笙"具有浓重的仪式性与固定的程序性，是俚俚人自身信仰的表达，不是用于审美或娱乐的"艺术"，而是用于解决生存问题而创造的一种多功能的文化生存工具，是往昔岁月的沉淀，承载着每一个俚俚人欢喜艰辛的历史过往。

三　多元记忆之"场"

作为一种文化的表达与叙述，传统乐舞中"内源式传承"的生态观至今仍然通过具象性的乐舞行为在人们的思想里被得以产生并留下印象，且在一直以来的平时生活里面发展为将形体当作媒介的一种引导形式。针就云南大量的无文字的那些个民族而言，文化的留痕以及描绘通常是将人的肢体以及人的发声当作主要核心方面的，并且在历史的演变过程中形成了身份认同的纽带和认知体系。云南滇西北地区横断山脉纵谷地带怒江傈僳族自治州兰坪县境内的普米族，国家级非物质文化遗产代表性项目传统乐舞——普米族"搓蹉"，便通过深刻的艺术符号记忆，借助"体化实践"，维持本族内最简单的社会成员沟通，是保证族群内部能够传承延续的主要方式。

过去传统社会当中，主要是以农耕文化为主，因此"羊"具有非常特别的现实与象征意义。山羊，作为普米人重要的文化图腾，得到了全民性敬仰，随着人们的生存需求和情感追求的时间流淌中，逐渐被物化成了日常生活中具有艺术意义的事物。

"搓蹉"为普米语，意为身体跳动，因为在跳动时与"比柏"（四弦）以及羊皮鼓这种打击节奏乐器相结合，所以又被称为"羊皮舞"或者"四弦舞"，是一种保留了古代歌、舞、乐三位一体的"乐"形态的多种形态结合的民间歌舞活动。"搓蹉"包含了生活的各个场景，有过去远古时代的游牧、打猎、耕种、纺织，也有现代的赶街、劳动、庆祝丰收等，丰富多样。"搓蹉"是一种自娱自乐形式的舞蹈，不会受到时间、环境、人物或者道具等的束缚，参加的人数从几十人到上万人都可以（图8-4）。

据普米老人们说，传统的"搓蹉"舞原有72调，现保留下来的只

图8-4 / 普米族"搓蹉"踏歌现场

有鞋底相碰舞、团聚舞、臀部相撞舞、相近舞、碗筷舞、结尾舞等传统的12套舞步。具体为：搓磋一："综蹉"（团聚舞）；搓磋二："依移蹉"（相追舞）；搓磋三："惹幽韦幽"（放羊调，也为左抬右抬舞）；搓磋四："惹松尺韦松尺"（过山调，也为左三脚右三脚）；搓磋五："登拜序徐蹉"（臀部相撞舞）；搓磋六："耍徐蹉"（相撞舞，也为进退舞）；搓磋七："惹楞喇伟楞幽"（鸡食水舞，左两脚右一提舞）；搓磋八："弱夸可瑟蹉"（碗筷舞）；搓磋九："稀搓磋"（龙跳舞）；搓磋十："栓令栓隆栓令令舞"（牵手舞，此舞名称是根据"比柏"曲调的口读谱而来）；搓磋十一："举贝纵综蹉"（鞋底相碰舞）；搓磋十二："扎蹉"（结束舞）。

　　沿袭至今的普米族"搓蹉"在发生场域不会因为时间、环境或者人数而受到影响，参与其中的任何人都可以选择随时加入或者退出舞蹈。"比柏"的曲调与羊皮鼓敲击的节奏交错进行，手击羊皮的声音、筷子敲击木碗的声音都是弱拍节奏，它们使得鲜明的声音景象产生了板眼颠倒的情形，构成一种特殊的节奏感觉，与身体（Body）、力效（Effort）、形态（Shape）和空间（Space）自然而然地衔接在一起，不仅展示了舞种的特征，还体现了独特的个性。

"搓蹉"大部分都是手与手拉着或者扣着形成一个圆圈连臂踏歌，单圆圈、半圆圈时一般逆时针方向跳，若是围成双圆圈时，可以同方向和不同方向同时跳。将某个基本舞步或者动作组合作为基础，在整个主题中不断增加或者反复变化，手臂动作相对简单，多为自然晃动。当进行走步时把腰部作为轴，脚一直在地面上蹉和拖，将胯部左右摆动或者撅，尤其是女性的围腰、衣摆等跟随胯部一起飘旋，展示了鲜明的魅力。踏跺的力点重心在前脚掌，为纵向关系，代表性节目有"登呸楞拉"（一边两脚）；走步的力点在胯部，为横向关系，代表性节目有"陡拜需徐蹉"（臀部相接舞）；做退步时前俯，上身和下身的力向相反方向走，代表性节目有"综蹉"（团聚舞）的第一种跳法；前进时身体向后自然仰，上身和下身往相反的方向用力，重心在小腹处，特别典型的就是"夕搓蹉"。"搓磋"是非常随意和即兴的舞蹈，在场的人们不仅是观众也是跳舞的人，他们做出的动作力度、幅度都会随着跳舞之人的年纪、性格、生理条件以及所处环境的不同而表达出不一样的情绪，不一样的舞姿、形态和节奏。"搓磋"的队列蜿蜒起伏地做出各种变化，如"龙上天""龙出水""龙翻身""龙钻洞""龙摆尾""龙抱柱""龙关门""龙欢腾"等造型，队形变化快速流畅。在这个动态的"搓磋"场域，身体表述的话语与记忆认同所引发的情感、刻画的心理都是在其特定的社会和文化环境中发生和作用的（图8-5）。

"搓磋"作为族际之间最直接、最为普遍的族群交流方式和感情的

图8-5 / "搓蹉"连臂踏歌场景

重要媒介，它以一种极为普通、质朴的形态留存在村落当中的公共文化空间内，共同建造着村落传统文化。不管是婚丧嫁娶抑或是节日庆祝，族群内部成员都会习惯性地相聚在村子里或者普米村寨聚居地区的坝子上，共同跳起"搓搓"。一旦出现"比柏"的声音，大家就会很自然地手拉手，对应羊皮鼓的击打，围成一圈或数圈，跟随调子起伏跌宕而纵情狂欢。这种源于特定的动作世界的族群成员间的根基性情感，以历史叙事性的文化结构，造成共同的血缘性想象——祖源记忆，以此巩固及延续普米人在文化展示与文化复兴的过程中不断塑造着自身的文化自信（图8-6）。

图8-6 / 普米族"比柏"演奏

四　缘于"地方感"的"体化实践"

20世纪70年代开始，"身体研究"逐渐成为人文社会科学研究中特别引人注目的领域。人们从身体的感知能力出发，以身体与物的互动为立足点，不再忽视"身—心"二者所形成的一个复杂整体——"身体感"。"身体感"是心智、身体与外部环境交流而出现的结果，不同的"身体感"通过各种形式进行组合，尤其源自"地方感知（地方感）"（local perception）的"身体感"概念，更加详细细致地把身体和文化进行连接，从而衍生了不同情境下丰富的身体形态，进而导致多元互动经验的产生，进一步形成社会的"集体图像记忆"和常态规则。

美国学者保罗·康纳顿在他的社会记忆理论中，提出了"体化实践"（incorporating）这一概念，认为在社会记忆中身体是一个关键的载体，身体的实践往往反映着社会实践的动向，社会记忆主要是通过仪式的操演来完成，而仪式表演的反复操演，则是由具体的身体实践来实现，以此才能保证群体社会记忆的传播与保存。"身体现象"如何显现意义系统以及身体如何在意识中得到构成这一问题的提出，让我们在云南民族传统乐舞的记录研究中有了一个更深层次的理论视角，滇西北地区香格里拉市纳西族的"阿卡巴拉"便是较有代表性的传统乐舞。

"阿卡巴拉"，在滇西北地区纳西语里也叫"呀哩哩"或"坞双达迪库"，有"欢庆吉祥"之意。每年农历"二月八"祭龙时节，在哈巴雪山峡谷西端的雪山脚下纳西族东巴教圣地白水台泉眼祭台旁，由吾树湾村纳西族汝卡人跳的"阿卡巴拉"作为仪式中重要的组成部分，以一种"表演"的方式拉开了"祭龙"活动的序幕。这一民间相沿成习的纳西族传统乐舞，流传于香格里拉市三坝乡，以歌舞、祭祀活动为载体，内含历史、宗教、民俗等诸多文化内容，是云南滇西北地区古代氐羌族群传统乐舞的遗存，也是纳西文化历史的表征、意义的载体和文化的镜像（图8-7）。

图8-7 ／ 纳西族"阿卡巴拉"现场

"阿卡巴拉"是集体列队对歌跳舞的形式，为一种基本的8步舞。跳时，男女大约各占一半，先分别站立，男人和男人手牵手、女人和女人手牵手各自站成一排，然后男女末端有一边牵着手，另外一边不牵手，一起围成存在缺口的圆圈，这个缺口是为了便于后面加入更多舞者，并在歌声的伴奏下依顺时针方向移动。在对唱的时候，围成圆圈的男女舞者的手会跟着对唱节奏的变化重复着上下摇摆的动作。具体的舞步为：右脚踏地2下（1—2步），再出右脚（3步），向前踢出左脚（4步），收回左脚（5步），右脚向左移1步（6步），右脚向右移1步（7步），左脚跨到右脚前（8步）。人们在跳8步的"阿卡巴拉"舞时，先弯腰跺脚，然后再于踢左脚时直起身，步伐整齐，动作激烈。"阿卡巴拉"的步调通常全为在开始的情况下首先伸一下右边的脚，接着朝左边的方向做出一个伸出高抬腿架势的交叉形状的步伐，末了将腿抬高伸出右脚，来回一共三回并原地之上进行踏步，朝着正对上边的45°的角度方向伸出自己的左脚，并且多次这样做。男舞者在歌唱的时候，将自己进行30°的俯身下弯，同时携起手来进行更为动感十足的舞蹈，女舞者一方仅仅是随同对方的步调保持一致即可；反之亦然，女舞者一方在进行演唱的情况下，同样是将自己进行30°的俯身下弯，同时携起手来进行更为动感十足的舞蹈，男舞者一方仅仅是随同对方的步调保持一致即可。

如此循环反复，没有时间限制。实则，"阿卡巴拉"的舞步，基本上就是先弯腰跺脚，然后在踢左脚时直起身，舞蹈的步伐整齐，动作激烈。大家放声歌唱并翩翩起舞，保持十分欢快的节奏韵律，且在前后两者歌词当中采取不必过度紧凑的、可以相对随意的舞步加以衔接，以便体现出松紧结合的艺术效果（图8-8）。

图8-8　/　"阿卡巴拉" 集体列队对歌跳舞

在此过程中，纳西汝卡人源自"地方感知"的身体感，是将"身体技能"作为中心而在此基础上产生的十分特殊的综合感官体验，也是一种经过不断重复的身体实践以后学会并掌握的一种逐步稳定的控制身体的能力。所有参与者都通过个体的身体认识与经验，建立起身体与"他者"之间相互的体系性联系，这种基于复杂的身体感认知，是漫长的习得经验所累积的过程。在"阿卡巴拉"动态的发生场域铭刻入身体的个体技艺本能不仅可以及时辨认、判断并及时调整，同时，所有参与者会随着现场情境的不同而发生相应的转变，参与到智性判断与建构过程中。"阿卡巴拉"发生时的"地方性"身体感受并不是通过抽象或者概念的方式存在的，而是由于人们的外在感受和体会内化的身体与自己民族的社会环境产生了直接的对应关联后，从而激发并体现出来的具有经验性的内质和意义。这个过程是人类建立认知最重要的方式，身体感的完整过程在此得以实现。

五 云南民族传统乐舞传承生态观当代实践的意义

伴随当代文明的高速发展，全世界都开始重点关心发展中国家在文化传统和可持续发展方面的问题。最近20多年，全球许多学者纷纷前往云南开展民族文化学习、考察，积极帮助当地抢救、传承、保护与开发民族文化生态，目的在于帮助几千年来云南留存的具有特别生命内涵和力量的民族传统艺术抵御外来强势文化的侵袭。

当代快速发展的社会环境使得各民族传统的民俗节庆活动受到深刻的影响，呈现出现代性社会特有的文化融和、文化跨界及个体化与多元关系交织而成的复杂立体态势。面对现阶段全球地方化、地方全球化的背景，各个地方的人在生活方式和思维方面产生了迅速的变化，使得传统文化遗产已经成为重建地方认同的关键资源。因此，针对传统乐舞产生的经过是怎样体现意义以及身体怎样从地方性意识之中获得构成与记忆，同时经过长期的生活从而形成了以身体为载体进行传递的模式展开分析，是众多学者需要思考并且开展研究和实践的一个课题。诚然，假如人们将身体与地方当作记忆的媒介，那么某个民族、族群或者社会群体的基本情感关联（primordial attachments）便在传统与现代的延续中，具有了广泛的群体性、表演性和社会实践性。普洱地区澜沧县酒井乡老达保村的拉祜歌舞乐，便是当下民族音乐传承和发展的一种较有代表性的新形式和新潮流。

近十余年来，老达保村拉祜族的民族歌舞乐由内部的日常生活状态，疾步走向外界公众，为满足时代的需求，进而形成特殊的表演模式，进入到多重建构的现代社会环境中。由于有较强的包容性和完整性，芦笙舞得以代代相传，从古老的过去一直延续至今日，依然是拉祜族全民参与的最有代表性的传统舞种，对当地拉祜族群的文化认同，维系民族精神等方面有着不可替代的重要意义。我们看到澜沧地区的拉祜族芦笙舞依然在传统与变迁的路途上艰难地行走着，在民间与政府两个场域舞动着。拉祜人的情感、价值、趣味、观念、判断在看似不可逆转的全球现代化轨道上寻求传统的创造性转换。

在澜沧拉祜族地区的许多村寨，仍不时能偶遇非常优秀的葫芦笙舞老人，他们集智慧、和蔼、朴实、幽默等品质于一身，拉祜社会的因素深深地影响着他们的行为。酒井乡老达保村的芦笙舞传承人李石开一家，便是拉祜族芦笙舞传承者的大家庭。这是个四世同堂、多才多艺的拉祜人家，拉祜族特有的音乐能力和音乐经验在这个家族中真正得以印证，这是一种源自血脉和文化基因的家族传承。作为芦笙舞的重要执行者，拉祜族老人们都自觉或不自觉地承担起传承的义务，并在不断积累、加工的基础上，逐渐形成了自己的特色和风格。当舞场上出现竞技斗演时，他们便扮演着重要的角色。热烈的欢呼声和助兴的村民们，都会激发芦笙舞手们将身上所潜在的意识和能量毫无保留地表现出来。这些令人兴奋的景象更会刺激他们投入到芦笙舞的跳跃中，并继续去模拟和再创造，这正是拉祜族芦笙舞的魅力以及得以传承的重要因素。这个芦笙舞手的群体既是文化的"消费者"，更是文化的"生产者"，他们是民间传承的基础，不仅传承了特定的文化因素，更保持了永久的族群标志，是拉祜人对自身生命意识的一种思维，一种对生命力的自我观照形式（图8-9）。

图8-9 / 芦笙舞传承人李石开一家

在当今世界及国家的文化政策发展下，对于民族文化资源进行保护及传承已经成为"生态文明""可持续发展"战略中的一部分。关于"原住民文化是任何一种区域文化的基础和开端"的观念已经成为共识，人们意识到地方性的制度与民间伦理共同成为民族文化传承的重要保障。在这样的社会背景下，拉祜族芦笙舞在现实生活和社会活动以及社会的发展目标联系在一起后，真正开始了在现代社会生活中本土文化的现代性如何实现、如何实践的积极思考。芦笙舞的传承也正是在这样一种发挥、变革、认同的过程中找到了自身的存在价值，形成了自身的生命结构，在这种不断变化和发展的态势中体现了它的人类文化性。

1992年澜沧拉祜族自治县人大常委会决定，将每年农历十月十五日至十七日定为葫芦节"阿朋阿龙尼"，成为拉祜族全族的节日。拉祜族传统的代表性乐舞芦笙舞于2008年入选国务院批准文化部确定的第二批国家级非物质文化遗产名录。自此拉祜族芦笙舞进入公众的视野，当地政府在澜沧县的拉祜村落建立了芦笙舞传承基地，当地文化馆、歌舞团及地方民间团体、个人，融合传统与现代，形成了具有大众艺术表演形式和民间自发组织改编的芦笙舞表演形式，也因此产生了具有多元性质的现代拉祜族芦笙舞文化。作为拉祜文化传递的重要手段——芦笙舞，是拉祜族传统文化重要的组成部分，有着其他文化要素无可替代的作用。在拉祜人漫长的社会历史与文化发展过程中，不仅对拉祜族历史、习俗、古规古礼、生产生活知识的传承发展起着举足轻重的作用，也使一系列形态各异的芦笙舞成为拉祜文化重要的载体，一路舞动走到了21世纪的今天（图8-10）。

图8-10 ／ 拉祜族葫芦节"阿朋阿龙尼"现场

对很多云南当地没有文字的民族而言，他们对于文化的记忆和表达主要是通过肢体和声音，这组成了本土文化独有的特色。不同民族的传统乐舞不只是本族人民在表达生活以及文化的意识，同时也是在塑造民族文化与特色的过程中，为我们展示了他们所生存的环境以及对于信仰的遵守。民族传统乐舞是一种在生活中形成的实践，其中蕴藏着丰富的远古生态智慧，到现在对于各族人民来说仍然能够产生情感联通，具有特殊意义，在这片土地上依然存在。这一文化生态系统中，充满了民族性、地缘性与血缘性，每个族群之间的历史、文化、语言、宗教信仰以及传统艺术生活都发生了频繁的互动，深藏于乐舞之中的文化基因作为一种历史精魂而存在于日常生活当中，同时根据自身的传统习俗及民族信仰来维持与产生新的艺术需要。怎样才能从云南民族传统乐舞深厚的文化底蕴当中吸取文化精髓、思想和思维模式？如何在具体的乐舞文化记忆实践中发挥更大的作用，进行具有现代意义的文化解说，并且从新的意义形成当代实践？如何用乡土的观念、乡土的智慧来重构我们的未来，给以中国传统文化为主体来建设发展的乡村建设实践提供一种中国精神和中国经验，进而激活沉睡的传统和濒临消亡的非物质文化遗产，让传统走得更近，让实践走得更远？这不仅是艺术介入乡村建设的价值所在，也是今日中国乡村在集体、个人以及社会诸多方面自觉、自信的文化提升，是一个新的文明建构方式的出现。

如今人文学科研究范式产生了巨大的改变，所以分析和记载云南民族传统乐舞需要有全新的学术视野与清楚的实际情怀。便于人们通过云南民族传统乐舞悠久的文明历史中获取文化精髓、思想和思维模式，以此形成文化多样性格局的阐释，同时开始用"自己的眼光"来审视本土的民族传统艺术，在现代文明的社会实践中提供有效的可持续发展的策略。

六　小结

随着非物质文化遗产保护理论与实践的推进实施，"非遗"保护这一主题成为21世纪以来我国政府与社会在文化领域最具有深远意义的举措，是华夏民族自我认识的重要进步。与此同行的中国当代城镇化建设中乡村振兴这个复杂而长期的工程，在摆脱工业文明所造成的乡村衰败所导致的文化根脉断裂的冲击后，如何重建家园，如何接续传统与未来，如何真正走向绿色文明，这不仅关乎我们国家未来的发展，也从不同侧面与角度反映出传统文化在"失"与"传"之间的徘徊中无法回避的诸多问题。如：官方的文化诉求与民间文化实践间的距离、学术规范与乡土知识体系间的距离等等。这些问题不仅体现出学术界对"非遗"政策与实施的诸多反思，也反映了"非遗之后"的种种变化实际上都是在城镇化现代性变迁之后出现的。

面对现如今全球和国家的文化政策背景下，提高并重视民族文化资源的保护和传承，已然是国家可持续发展与生态文明建设的重要部分。原住民文化成为所有区域文化的基础与起点，这已经是大多数人的共同观念，大家开始将地方性制度和社会伦理一起作为保护民族文化传承的主要方式。面对这种社会背景，像云南民族传统乐舞这种比较重要的民族文化资源和实际生活及社会活动、发展目标相结合以后，怎样实现和实践处于现代社会生活中的本土文化的现代性，如何提供有效的可持续发展的策略，需要政府、学界同仁们的积极思考。

第九章

视听媒介视域下对传统聚落
文化的叙事与唤起方法研究

在我国由传统农业社会转向现代文明社会的转型进程中，社区构成和社群关系都发生了极大的改变。对传统聚落文化形态改变的观察、表述和经验，越来越多地建立在人类学研究的方法论基础上，并以视听媒介为观察和记录的工具，谁也无法否认影像和故事是这一历史性变革的核心。视听媒介视野下的影像叙事，已经是这个时代需要的一种普泛型语言方式。

　　本文首先从民族影像志（但不局限于民族影像志）的本体论叙事出发，分析建立在视听媒介基础上的视听思维和传统的人类学文字思维的区别，并结合感官经验对传统聚落中各种人类文化活动的理解，以此论证影像叙事的视听思维基础和语言方式对"书写"民族影像志的重要性，以及"民族影像志"的影像叙事实质；其次，研究摄影机和录音机如何对传统聚落文化中的人文地理、声音景观、仪式活动等进行观察和记录，以本人参与的民族影像志拍摄实例论证影像叙事的实践运用；最后提出

"表述的危机"，思考"局外人"叙事的困境；并回到"叙事"的三个形态，探讨对传统聚落文化从"叙事"到"唤起"的理论与方法，反思传统聚落文化持有者的表述可能，以期指导我们更好地理解推动保护和发展传统聚落的自身要素，以及如何把握影像时代的来临为乡村发展带来的新机遇。

美国著名电影人斯蒂芬·阿普康在其著作《影像叙事的力量——在多屏世界重塑"视觉素养"的启蒙书》的引言中就谈到：从坐在篝火边口头交流故事的物种，进化成了能够发明并传播字母和印刷文字来分享故事的物种，也进化成了能够创造视觉影像和传播工具的物种，只因我们努力想要讲述越来越引人入胜的故事。无论我们是接受还是抵抗这一事实，社会中的文化和叙事DNA正在转变的说法毫不夸张。

这种转变到底发生在哪里呢？苏联电影工作者和电影理论家维尔托夫早在一百年前就提出他的"电影眼睛"理论：他认为摄影机是比肉眼更加完美的电影眼睛。客观世界每天都产生各种现象，而作为电影眼睛的摄影机正是我们探索这些混沌的视觉现象，并表达客观世界的新工具、新手段和新语言。维尔托夫的宣言已经过去了近一百年，正如他所预言的那样，视听语言已经成为这个时代的一种新的语言方式，正在逐步取代几千年以来信息传播的主要方式——文字语言。尤其是近年来，传统的工作、学习和信息交流的方式都频频受到各种限制，几乎各个领域都被动或主动地意识到：无论我们对文字语言的依赖有多么重，我们无意中受到文字思维的影响有多么深，影像时代也已经全面来临。作为这个时代的见证者、记录者、参与者和建设者，我们需要真正认识和学会这门语言。

数千年农耕文明正在消融，单一生长的多元民族文化飞速凝结成人类大同，新的社区形态在悄然形成，传统聚落文化正在被高速的现代化进程融合、同质化。这个改变是这个高歌猛进的社会不可阻挡的发展基调，也是我们需要观察、记录、反思，甚至质疑的。新的社会结构形成新的信息交流方式，新的文化传播特性呼唤更具有当代文化发展特质的表述形式。其中，影像作为人类学的研究手段和传播方式，被越来越广泛地应用于这种表述，人类学急需使用视听媒介展现人类经验的各个方面；而影像作为研究工具，本身就成为分析对象，这也对人类学、电影学、语言学、传播学的融合、交叉，产生了更迫切的理论需求；数字化技术的不断更新则为影视人类学家开拓新的实践提供了可能，也促使了传统聚落的本土民族主动理解、保护和传承自身文化。那么，我们如何参与、理解，并和传统聚落文化的持有者一起建构与当地文化有机结合的影像叙事方式，甚至推动当地文化的"局内人"以影像叙事为发展自身文化的一种手段，甚或内驱力呢？本文就以影像叙事的语言表述为切入点，厘清上述关系，探讨对传统聚落文化的观察方法与实践。

一　视听媒介、视听思维与影像叙事

人是群居且需要交流的动物，传递信息、表达意义是人的本能，也是需求。早期人类从肢体语言发展出口头语言，在篝火边传唱本民族史诗、交流故事；文字语言的发明使人类交流不再局限于时间和空间的局限，知识与信息得以以物质形式更为广泛地传播开来；工业革命带来科技的迅猛发展，摄影机的发明终于可以更为精准而具体地复制现实，满足人类留住时间的"木乃伊情结"。这个信息交流和传播的过程，就是语言"叙事"发展的过程，也是推动人类文明演变的媒介历史进程。

其中，视听语言通过摄影机和录音机两种记录机器记录现实，以光波和声波作为媒介材料，以视听复合方式传递信息，并以观众的视觉和听觉作为接收器官，最终在大脑里完成叙事（影像叙事）的全部过程。人类的生理和心理构造决定了在我们接受并寻找含义时，作为五感最主要的信息来源，视觉和听觉能够获取更多的信息，因此影像叙事正在超越其他任何形式，成为当下信息交流和传播的主流。

那么，影像叙事的思维方式和传统人类学记录人类文化行为和关系的文字思维（也称文本思维）到底有什么区别呢？我们在对传统聚落文化的观察中，这两种思维方式分别起到什么作用呢？

1. 概念性思维和经验性思维

思维的过程，是人类用感官感知外界刺激（或信息），用知觉解释信息，用自身生理和自身经验对信息接受、存储、提取和处理的过程。不同的语言，会有不同的媒介材料，当然也会产生不同的思维方式。

在长达数千年的农耕文化中，文字语言是最主要的信息交流方式。我们从进入小学开始受到的教育，从那时起我们对知识的反映基本都是文字思维。主流人类学研究在对传统聚落的田野调查时，在对其社会结构和文化活动的呈现、解释和建构的整个系统里，大部分都是在使用文字语言。美国符号论美学家苏珊·朗格指出：文字语言是迄今为止人类创造出的最庞大的符号系统。人类可以运用文字语言进行思维、认识、想象等方面的交流，但是人类内心中的感受不仅变幻不定、难以捉摸，而且互相交叉和重叠——对于人类内心的这种无形式的生命感受、人类内心深处澎湃的情感和激情，文字语言是无能为力的。苏珊·朗格认为文字语言从本质上来说属于推论性符号，是按照语法的逻辑规则组织起来的"推论性形式"；文字语言属于再现性媒介，是高度概括后的概念性思维，因此在表达感受时有一定的局限性。

视听思维不属于概念思维，而是强烈的感情，产生于"存在"本身；视听思维是以视听媒介为基础、经感官感知而产生的经验性思维，这是一种极具追述能力的思维，由生动的经验和丰富具体的细节构成。因此，影像叙事（视听语言）是一种非推理性的"表现性符号"，能够将无形的人类情感种种特征，以及人类复杂的生理和心理感受，赋予可听或可见的形式并表现出来，从而实现人类对内在生命感受的表达愿望。

传统聚落作为一个以生活习俗、宗教信仰乃至人文地理都有着共同文化体认知的大社区概念，连接着个体与他人、环境、社会三者间的关系，具体呈现为相关的社会行为经验和文化活动现象——经验和现象这两个词被文化现象学解释为同义词，并强调"具体化是认知他文化人性和主体间性的共同基础"。现象学民族志研究者会把身体和智力都作为研究的工具，理解用其他方法不可解读的关于文化概念的个人经验，这种文化现象学可以被应用于各个层面的具体经验，比如个人与个人（包括民族志研究者自己）之间的互动；"社会地位不同但面临同一痛苦的"群体之经验；或"整个民族的集体记忆和身份认同"之现象。

笔者认为：对传统聚落文化观察的这种具体经验，包括环境空间、建筑格局、仪式过程、服饰饮食、行为活动等等，都是一种复杂、立体和丰富的感觉经验。视听思维的运用就是从人的视觉和听觉出发，充满想象力地重建田野工作中的感觉经验，把影像叙事、感觉和应用有机地联系起来，对传统聚落文化的各种现象进行呈现、解释和建构；而摄影机、录音机这两种视听媒介，相比较其他任何媒介（包括文字传播媒介），能够最大程度精准而又具体地还原现实与运动。

2. 民族影像志的"影像"与"志"

新媒体时代的来临和后现代人类学的介入，使得对传统聚落文化的影像叙事有了更多的可能性，比如说在流媒体平台大量出现的短视频、直播，甚至全息影像等等。但是目前已经形成专业学科并产生了大量成熟作品的，主要反映在民族影像志的创作领域里。

民族志里的"志"表示记录，指用文字或标记符号记下来；民族志一词首先解释为文本记录。而民族影像志作为一种对传统聚落文化的田野记录和学术表达方式，在学科上被归类为影视人类学。"影视人类学"的英文Visual Anthropology也被翻译为"视觉人类学"，此外还有"影像人类学"的译法。其中"视觉"的概念更为宽泛——静态的图片、视觉符号和影像应该都包含在内；其中，"影视"一词又容易和以艺术表现为目的的电影电视混淆在一起，而"影像"一词既易于和另一个学科"电影学"保持距离，又涵盖了其以记录媒介为基础的特性，也可以扩充到"图像"的概念。翻译的角度当然是从这个学科的本性出发，不同的人会有不同的学术观点，但是影视人类学这个学科的根本应该是以影像为手段的民族志影片创作，其创作的目的更强调以"民族志的田野作业方法"和"文化价值相对"的人类学研究理念，"影像手段"与"民族志方法"是立身之本。

阿斯特吕克在1948年提出"摄影机作为自来水笔"的观念，民族影像志之"志"就在其特殊的书写工具——影像，运用视听思维来对传统聚落文化形态进行观察、记录和表述。毋庸置疑，民族影像志是以摄影机和录音机作为记录工具，以光波和声波作为媒介材料，以人类学的视野对相关文化进行记录、研究、保存和传播的手段。

早在1898年，卢米埃尔兄弟刚刚在巴黎的地下咖啡馆放映《火车进站》之后的第三年，阿尔弗雷德·卡特·哈登就将摄影机运用于人类学研究，他代表英国去托雷斯海峡群岛进行探险活动。在托雷斯海峡探险中，他们采用细致入微、直接观察的视觉方法，利用摄影机作为研究工具——视觉方法也成为走进当地传统聚落生活的科学途径。大卫·豪斯记述说，该项目强调以感觉为关注点，设法证明视觉在文明和原始文化中具有各自不同的意义这一假设。

当影视人类学和人类学的研究方法产生了交叉，两者交互式的研究手段使得两门学科都产生了质的飞跃。人类学家带着摄影机到田野中去，极大地发挥了影像的记录性，它们能够把人类学家所要表达的意图，更直观地反馈给专业人士和普罗大众。后来这种研究方法被更多人所认可，以至于人类学家搜集的大量资料都以摄影、摄像的形式而存在，甚至近些年兴起的新媒体也被利用起来。伴随着视听资料的盛行，学者们开始进一步寻找将其与文字合理整合的办法。在影视拍摄技能普及的时代，影视人类学与作为主流的人类学，在融合度上必将有更大的提升，这为作为影视人类学重要部分的民族影像志大发展开辟了一条崭新的道路。

那么我们该如何运用摄影机和录音机进行观察、记录和叙述呢？这种和文字语言完全不同的叙事系统，我们称之为"视听语言"。接下来，我们就以视听语言运用的实践实例，试图梳理和总结出记录传统聚落文化的叙事方法。

二 影像叙事的视听语言表达

1. 人文地理与空间叙事

所谓自然地理，当然包括了一切自然界的物理构成，如地貌、地形、水文、植被、气候分布等等。这是人类无法忽视的存在，是我们赖以生存的空间基本构成元素之一。人类在向自然的索取中，培养了强健的体魄，增强了自身的劳动能力，甚至形成了特有的地域文化。这种地域文化包含有民族文化和精神特征等。而影视作为常见的文化和精神传播的载体，自然也会伴有大量的被摄空间符号的渗透。在特定地域拍摄的影像，既会受制于自然环境，也会呈现出强烈的地域特征，甚至这种特征会成为影片风格化的重要体现。

摄影机的记录本性能够最为准确地再现现实空间，能够直观、形象而生动地展示自然界中种种可见的现象。这个空间是人活动的场域，是人与他人、与事物产生联系的直接呈现。因此，现实的地理样貌在电影中的作用，既是作为环境背景而存在的，又是表现人与他人关系的重要一环。在安东尼奥尼的电影中，环境是相对独立的表意符号，具有强烈的象征和隐喻意义，例如《红色沙漠》里被工业污染的港湾、冒着浓烟的工厂，《奇遇》里荒凉的孤岛，象征着工业社会里人与人之间关系的疏离与冷漠；贾樟柯《任逍遥》一开场的废弃车站候车厅，空旷破旧的空间，象征着下岗工人的荒凉处境。

再如：荒原、废土意象和它所代表的美学，在西方文化里一直有一种"宿命"的色彩。从摩西带领以色列人走出埃及以后，被上帝惩罚走了四十年的旷野；到哈姆雷特斥责"长满毒草的荒芜不治的花园"，象征着丹麦王子对人性的怀疑；从堂吉诃德一直游走追寻骑士自由和理想的山岭野地，到《呼啸山庄》中克里斯多夫深爱与憎恨的、长满石楠花的约克郡荒原，那是工业革命前后人们转而追寻坚韧、黑暗、深情、狂暴、狂放不羁的自由精神。19世纪末，荒原意象在艾略特的诗歌里，演变成了人类现代精神的废墟。艾略特描绘了一系列人性荒芜的末日景象，但是他也回到了先知以赛亚预言的，那个所有枯骨都会被复活的旷野。这些"荒原""废墟"的意象，成为欧美电影里反复出现的空间场景，承载着西方文明中对人性、"人往何处去"等终极追问的重要议题。

值得强调的是，电影学探讨的空间概念是包含了画框、视觉构成、运动和剪辑等诸多因素，是属于银幕世界的一个相对空间概念，我们不能简单、片面地将其理解为一个物理空间概念。因此，电影空间不仅仅要观察和记录物理性的地理空间，更要从摄影机角度、景别、光线、焦距和景深、运动等各个电影的特性符码出发，进行影像叙事表达。结合传统聚落的自然地理空间，从影像叙事的影像本体出发，针对不同地区的地理环境、文化关系的拍摄角度和运镜方式当然会不一样。垂直的山地、丘陵地貌，适于上下方向的机位调度，例如表现红河哈尼族的纪录片《雾谷》，拍摄者就使用大量俯拍和仰拍的视点表现人物在梯田和山谷的自然环境里的活动。平坦的坝区和草原，适于水平方向的运动，例如王全安导演的《图雅的婚事》，干燥、缺水的戈壁使蒙古族妇女图雅的丈夫巴特尔为了打水井半身瘫痪——戈壁这个地理空间是她带夫另嫁、抵抗命运的动机，也是她坚强意志的外在呈现。王全安使用大量全景构图和水平方向的运镜，既突出环境的恶劣和人物的艰难处境，又自然地呈现出这个地理空间的特点。

同样，在人文地理学的领域里，空间是种种社会文化、经济、政治和心理现象的综合表现，它被人和社会关系影响着，反过来也塑造着各种关系。作为人类与环境沟通的桥梁，人文地理学能够进一步探究人类、社会、地理空间三者的辩证关系。英国人文地理学家迈克·克朗在他的著作《文化地理学》里，特别谈到影视作品中特有文化景观的多视角展现。他表明："电影的感觉途径，是基于特殊的处理空间、情节、故事衔接、因果关系的能力。"而这种电影的特殊能力，能够更好地传达特定的地理观。侯孝贤的电影《刺客聂隐娘》大部分场景采用全景甚至远景，固定机位的长镜头，机器一动不动凝视着眼前发生的一切：人的走动缓慢而安静，仿佛同一场景里的雾起、云飞、风动、鸟归……人在里面并不是主体，人与自然融为一体，人的命运被放在大自然里讨论。就连打斗场面，也几乎没有分切和细节展示镜头。笔者认为，侯孝贤的全景固定机位，是基于对"天人合一"境界的追求，也是区别于欧美电影以"人"和人的活动为一切叙事依据的重要特征之一。这种对自然和人之间关系的思考正是一种空间的视角——自然空间和社会空间之间存在着互为因果的相互关系。与侯孝贤的美学观念截然不同的，是胡金铨、徐克等代表的香港新武侠电影：大全景接大特写的两极镜头、主观的手持运动、暴雨剪辑表现出武打动作的凌厉和多变，大量近景和特写的镜头弱化了环境空间的客观性，营造出一个自成一体的超现实武侠世界。

2. 声音景观和声音设计

国际标准化组织于2014年将声音景观（Sound Scape）定义为：在特定情景下，被一个人或一群人所感知、体验或理解的声音环境。作为一种社会文化事件，声音景观是聚落中人与听觉、声环境与社会之间的相互关系；是在文本、图像和其他相关资料外，理解、认知和研究声音在建构传统聚落文化意义的重要途径。

　　后现代语境下新文化地理研究兴起，开始关注空间内涵中的各种社会力量，及能动地重构地方的面向；透过身份认同或情感印记，地方在空间生产中获取了意义。声音也是空间构成的一部分，这种涵盖了声音的空间成为凝聚了人们记忆、经验、认同等多种情感的场所，在人们的生活中扮演着十分重要的角色。但长期以来，人文地理学、人类学等学科都更关注对视觉的研究，而忽略了其他感官知觉——听觉就是被遮蔽的一种。区别于"视觉"强调直接且具体的信息输出，"声音"更强调对情绪的表达；"声音"可以更直接地唤起人们对一个地方的感官记忆，构建出一种概念性的人文记忆，从而成为直观的自然人文景观要素之一。

　　从声音景观出发的声音设计，主要以还原现实空间中的声音为主。在过去，大部分民族影像志中的声音多以简单、被动的记录或复制，声音只是视觉的附属。由于拾音、录音技术的局限，仅仅依靠机身话筒无法拾录到干净有效的声音，所以有些制作者甚至把声音完全拉掉，而配上音乐和解说词。这种做法无疑和我们对声音的观念不够全面有关，当然也和我们常常忽略感官感知中听觉的重要意义有关。而声音景观的研究无疑为传统聚落的影像叙事的声音设计提供了一个更为宏观的文化视野，使得其不再拘泥于技术的范畴，而是从空间特性、相关人物形象和性格表现、社区文化关联等更为全面和丰富的角度考虑声音设计。我们尝试从声音景观研究与影像民族志中的声音设计寻找关联，以跨学科的视野和角度，运用声音景观的研究方法作为主要途径，归纳某个特定民族村落里的声音景观，探讨民族影像志中声音设计的声音要素、文化特性、拾音技术及其他各种内在关联。

自2020年10月开始，笔者带着纪录片方向毕业班的学生团队，对云南省西双版纳傣族自治州勐腊县曼岗村的搓梭人进行田野调查，并指导了该学生团队拍摄的毕业作品《搓梭人》。搓梭人被外族人依据其民族女性服饰特征称作"排角人"，自称"搓梭"的跨境极少数族群，在中国被归为哈尼族。影片记录了搓梭人传统节庆仪式"新米节"、婚庆仪式（图9-3）、植物密码（图9-4、图9-5）、民族服饰制作过程等文化现象；主要采访了搓梭人文化持有者、勐腊县州级非物质文化遗产传承人——波奔，以及他的女儿依腊。通过对他们的采访，结合民族传统文化现象的记录，为极少数民族研究提供了重要影像资料。该作品目前已经入选第二届华语音乐影像志节暨国际音乐影像志展映（双年展），和第二届民族影视与影视人类学作品征集活动。

图9-1 / 民族女性服饰
（《搓梭人》剧照）

图9-2 / 民族女性服饰（《搓梭人》被摄对象提供的老照片）

图9-3 / 婚庆仪式（《搓梭人》）

图9-4 / 植物密码（《搓梭人》）

图9-5 ／ 植物密码（《搓梭人》）

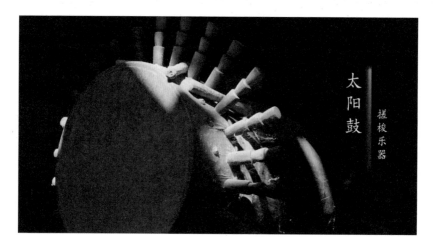

图9-6 ／ 太阳鼓（《搓梭人》）

图9-7　/　种植场景（《搓梭人》）

　　笔者在对曼岗村搓梭人的调查中，一共整理出了以下几种类型的声音：宗教仪式中的乐器（太阳鼓）（图9-6）、歌曲（迎猎歌）、唱诵（搓梭人古歌）、念诵（新米节仪式祝祷词）、对话（植物密电码的当地发音）等声音；劳动场景中的舂糍粑、割橡胶、种植、饲养等声音（图9-7）；当地自然环境声，包括橡胶林、芭蕉林、椰树、溪流、木质干栏式建筑等等（图9-8）。这些声音都带有搓梭人特有的地理气候特点和民族风俗，也是搓梭人村落文化的传承和体现。

　　当引入声音景观概念时，影像叙事的声音设计就有了更进一步的拓展，声音的采集更为丰富多样且具有代表性。环境声不再是噪音，而成为重要的地理呈现。例如，在搓梭人日常聚会活动时，主要的聚会地点是橡胶树林旁的一块空地。这片空地紧邻小溪，如果没有高敏度的指向性录音设备，我们将无法避免包括溪水流淌声在内的嘈杂的环境声。但这恰恰反映了搓梭人所生活的地方依山傍水，同时也反映了这个民族所在地的地理环境，甚至可以反映他们的经济作物，以及

图9-8 / 木质干栏式建筑（《搓梭人》）

图9-9 / 乐器"奇科"（《搓梭人》）

食物多为鱼、鸭、野菜等。

搓梭音乐在记载文化和搓梭历史中，充当了重要的文化载体，在一定程度上补充了搓梭人缺乏文字的不足。搓梭人的《迎猎歌》古朴

清新，短促轻快，伴以打击乐器"奇科"（图9-9），音乐风格和乐器
都受到村落附近的基诺族影响。以前的搓梭人主要以在雨林中狩猎来
获取食物，他们会在狩猎活动结束后，聚集在一起，摆宴饮酒并共同
唱《迎猎歌》来庆祝狩猎的胜利归来。因为曲式简洁、朗朗上口，不
会抢走或干扰视觉信息，且极具热带村落风情，我们将这首歌作为本
片的主题音乐，开篇就用州级"非遗"传承人依腊唱的这首歌配上搓
梭人村落全景，交代时间地点。片中还出现了依腊的父亲、州级"非
遗"传承人波奔唱的《逃难歌》，详细地记述了搓梭人从老挝逃难至中
国的艰难险阻，以及我国政府和当地人民如何包容和接纳他们的过程。

　　搓梭人最重要的传统节日是新米节，搓梭语读作"翁血折"，意
为吃新米的节日，相当于汉族的春节。新米节一般历时四天，仪式较
多、程序复杂、气氛浓重。但由于受到各种因素影响，2020 年 12 月
的新米节受到疫情影响，已经失去了完整性，仅进行了第一天的节庆
仪式，包括杀猪、宴请、祭祖。本人指导和要求团队成员将考察内容
进行了声音景观的列表，如下（表9-1，9-2）：

表 9-1　挫梭人新米节仪式过程及其声景

前期准备 （提前半个月左右）			
准备内容	仪式内容	声景形式	说明
计算新米节日子	暂无仪式	老人商量	每年新米节由村中老人计算时间，要在"月亮不圆、麂子不叫，没有雨"的日子宴请各方来宾
准备食材			提前准备新米节所需的食材如芭蕉叶、芭蕉花、竹筒、米、牲畜等

续表

<table>
<tr><td colspan="5" align="center">新米节第一天
（2020年12月9日）</td></tr>
</table>

时间	仪式程序	内容	声景关系	说明
凌晨3:00-4:00	准备杀猪	在新米节第一天村中第一声鸡叫后放鞭炮、准备杀猪	鸡叫、鞭炮声	听到第一声鸡叫的家庭就要放鞭炮，据说老祖宗会顺着炮声来到家中，给家人带来好运
	放鞭炮			
凌晨4:00开始持续到晚上	准备一天的菜肴	宴请各方来宾	剁、烧、杀、煮、蒸、煎、炸等做菜的声音，村中所有家庭都进行	从放完鞭炮开始，所有家庭都开始准备一天的菜肴，并邀请村内外的亲朋好友进村吃饭
中午11、12左右	放鞭炮	开始吃饭	吃饭、喝酒、聊天的声音	搓梭人好客，并有在村中吃"流水席"的习惯
下午4、5点左右	开始准备晚上的祭祀	晚饭前，分家族商量祭祖之事		搓梭有五大家族，第一天的祭祀仪式是分家族进行，在每个家族最年长的老人家进行
下午6:00	陶家开始准备祭祖一事	陶家每户带部分祭品前往陶家长老家中		
晚7:00左右	祭祀正式开始	由陶家长老波奔主持	念祷告	波奔一边念祷告语一边用筷子指着装有酒的小碗，念完后再将酒倒回大肚酒瓶中
	喝同心酒	由陶家男人进行	喝酒	搓梭人将多根蕨秆里的芯抽出，作吸管用，将一头插入装有酒的大肚酒瓶中，所有男人围着一块喝酒
晚8:00左右	波奔前往赵家			村中由于老人先后过世，五大家族中仅剩陶家的波奔为村中最年长的老人，在新米节这天只有陶家进行了祭祀

表 9-2　陶家祭祀活动中的声景

仪式程序	仪式含义	声音形式	环境特点
祷告	波奔念诵祷告词，希望祖先保佑整个家族来年的平安	念诵祷告词	祭祀地点在家族最年长的老人家中，木质干栏式结构房屋，二楼
喝同心酒	波奔向男人问话：是否喝到同心，以表达来年一家人要同心协力	问话的形式	
唱新米歌	所有人唱，为祝愿来年丰收	唱歌	

对传统聚落的声音叙事还需要注意较为成熟的拾音技术和后期混音技术，由于篇幅有限，本文不做具体的分析，但是需要强调掌握相关技术才能准确表达聚落文化中的各种声音层次和声音质感，才能更为有效、流畅地表意和叙事。

3. 仪式活动与场面调度

传统聚落的宗教和社会行为中都存在着仪式。仪式是将文化传统和一些象征性的行为以一定的程序予以表现，以艺术符号的方式向仪式进行者和其他人传达某种信息，从而达成某种信仰或目的。在仪式进行的过程中，展现的是一种社会秩序或观念感情，传统社会中的仪式更像是一种传达文化信息的符号艺术。罗纳德·格莱梅提出 16 种描述性的分类：过渡仪式、婚礼、葬礼、节日、朝圣、清洁仪式、公民仪式、交换仪式、献祭、膜拜、巫术、治疗、交流、修行、逆转和仪式戏剧，而在影视人类学中我们最常见的是过渡仪式、交换仪式和节日仪式。（1）过渡仪式：人的出生、成年、结婚、死亡等是生命周期中的一种过渡节点，通过过渡仪式可以将一个社会观念中的人与生命的方向形成对照，人类将遵循着这个方向发展。（2）交换仪式：交换仪式体现在人与神、鬼、祖先甚至动物之间的依存关系，仪式的目的多为驱逐灾祸以得到神的灵庇，这在中国农业社会极为常见，人们将天灾人祸归为神灵的惩罚，所以通过献祭等仪式以求得到庇佑。（3）节日仪式：节日仪式是指人类为了表达其宗教情感而进行的公共展示，在该仪式中，人们更多关注的是他们对宗教或信仰的虔诚程度。

仪式是一个完整的行动过程，影像叙事要保证其过程的完整性和具体细节的准确性，而不仅仅以视觉的唯美作为要求。大部分仪式进行过程中，参与人员众多且信息变化复杂，因此提前了解好其仪式的每一个细节和行动路线，提前设计好机位和镜头，以完成准确且丰富的场面调度——场面调度一词来自舞台表演，主要指演员的走位和相互之间的配合。借用到影像叙事中，则指向摄影机的机位、拍摄距离、拍摄角度和运动方式，对拍摄对象位置、动作、行动路线的有机结合。

笔者以2018年4月拍摄德宏傣族景颇族自治州芒市的芒蚌村泼水节的泼水仪式部分为例。德宏地区的傣族泼水节，又叫浴佛节，实际上是小乘佛教传入德宏以后和当地水文化、农业文明融为一体的节日仪式表现。仪式当天的午饭之后，老年人聚集在村里的奘房（当地傣族进行宗教、文化活动的佛堂），外请的几位佛爷在此讲经说法。外面是一小型广场，广场中间是具有宗教意义的飞杆；广场一侧提前搭好一木质长龙，龙背实际上是一水槽，龙嘴对着一个鲜花扎好的小凉亭（图9-10）；小凉亭中间置一水车，水车四面放置几尊佛像。佛爷念完经就要带头走到外面，手捧圣水银钵，带头将圣水倒入木质长龙背上的水槽里。村民由老及幼，按年龄顺序跟随佛爷将水倒入长龙。

图9-10 / 泼水节的水龙

大量的水汇聚之后，由龙嘴喷出，使水车转动，洒向佛像，是为浴佛仪式。浴佛过程中，佛爷走回奘房，两旁老人纷纷往佛爷的空钵中布施，然后吃泼水粑粑（一种糯米和红糖制成的食物，用芭蕉叶包好）（图9-11）。之后，村民打起象脚鼓和铓锣，围绕飞杆，跳起一种舞蹈"噶光"，舞蹈过程中，人们纷纷互相泼水祝福。仪式毕，全村相聚奘房的广场上看文艺表演，吃团圆饭。

以上所讲的仪式过程实际上是已经简化了的版本，它隐藏着大量当地傣族对家族、信仰、社会关系和对自然的认知密码，是傣族最重要的节日仪式。笔者在这里不再赘述具体的文化关系，而是重点讨论如何运用影像叙事里的场面调度来呈现芒蚌村的这个泼水节仪式过

图9-11 / 泼水节的奘房与飞杆

程。笔者一共安排了三台固定机位和一台运动摄像机（GoPro）：一台
摄影机在奘房内架脚架拍摄佛爷讲经和供物细节，另一台摄影机拍摄
听经的老人和奘房的环境空镜头，还有一台摄影机在广场旁边的高地
俯拍广场、飞杆、奘房和陷入安静的村落；拍环境的摄影师预先判断
结束讲经的时间，飞奔至奘房外的台阶下，等待佛爷出奘房，手持跟
拍佛爷的整个行动路线；那台架着脚架的机器又提前奔至水龙上面，
拍摄佛爷和周围村民走上台阶的全景；GoPro 置入水槽中，仰拍佛爷
倒水入水龙的近景，以及水越聚越多的水底画面；手持摄影机此刻从
鲜花丛中，凉亭底部仰拍龙嘴吐水浴佛的镜头，固定机位则在水龙上
方拍摄凉亭；佛爷倒完水，由 GoPro 跟拍布施场景，两台机器再跟拍
铓锣和象脚鼓；人们逐渐狂欢起来，手提水桶泼水，为了保护机器，

由GoPro按照舞蹈拍摄的方式拍狂欢部分，包括人群、飞杆等等，而高地那台机器一直俯拍广场上的全景。上述场面调度依据人物的行动路线和仪式的活动过程，提前找好机位，现场随机应变，保证每一个仪式的重要细节都能以最准确的机位、景别拍摄到。

作为局外人，我们一般了解到关于泼水节的都是狂欢部分，这次拍完整个仪式，才深刻体会泼水节背后的文化内涵。看村民们将水倒入龙身，龙井转动起来，突然眼眶湿润——早期的人类用敬虔与喜乐面对无常的命运，数千年来形成文化仪式与传承。在今天，这些仪式让我们感觉到生命的尊严。也正是因为这次观察、记录的过程，促使了笔者参与传统聚落文化保护的决心，并大力抨击那些罔顾当地传统文化形态，以外来者的奇观化想象、奇观化呈现而主观修改仪式过程的影视工作者。

值得一提的是，在经历了四天的拍摄和两天的剪辑后，我们在芒蚌村一共完成十部纪录短片。我们把作品进行了集中放映，并且邀请了各自的拍摄对象参加放映活动。村民们对于能在屏幕上看见熟悉的村庄、田野、熟悉的人和自己感到非常有趣，放映现场一片欢声笑语。当地非物质文化遗产传承人方桂英老人曾经为周恩来总理在内的多位国家领导人表演过傣族舞蹈，这次作为拍摄对象和观影嘉宾被邀请到现场。在看完片子后老人十分感慨，她说，这么多年被无数电视台拍摄过上百次，这是她第一次在公开的场合看到自己的影像。

三　叙事的多种可能性

上文我们讨论的影像叙事，主要从摄影本体论出发，以语义学的方式分析视听语言的各个特性符码（包括摄影机角度、景别、透镜、焦距、景深、光线、色彩、声音等等），如何对聚落文化观察与呈现的表述方法。但是，基于"艺术干预乡村"这个课题强调推动传统聚落文化持有者自觉保护本土文化的前提，我们强调"艺术"作为途径，除了观察和表述之外，还应该认知人与自然、人与他人的关系，理解传统聚落的伦理精神和礼俗秩序；更应该激发不同实践个体的参与感、主体性和积极性。因此我们必须反思："局内人"自身该如何形成他们使用影像叙事的内驱力？接下来，我们从叙事学的角度，以叙事的三种形态为质性研究方法，思考"局外人"对传统聚落文化叙事的合法性和局限性，以探索传统聚落文化持有者"局内人"本身在叙事上的可能性和具体途径。

1. 唤起还是表述

后现代人类学的开启者格尔兹认为，经典民族志写作及人类学研究存在着三种顾虑：（1）如何合法为他人发声的顾虑；（2）用西方观念简单安置在他人身上带来歧义的顾虑；（3）对描摹他人的语言和权威之间的模糊关系的顾虑。后现代人类学相对于经典人类学，尤其是经典民族志的所谓聚焦于"表述的危机"的批评，反思了人类学家无法脱离自我知识与经验的认知禁锢，同时也对其他民族研究"自身的方式"提出疑问："叙事"能够最大限度地传达隐晦诉求，且表述得非常极端，在这一点上并没有什么中庸可言。而描述又是伴随强大控制欲的，我们再现他人的同时，亦是在操控他人的时刻。这就是表述不同文化（也就是局外人对传统聚落文化的叙事）所存在的实际困难。

格尔兹预测：民族志文本未来的作用是使"社会各领域——民族、宗教、阶级、性别、语言、种族——之间的对话成为可能。接下来必要的事情（至少在我看来）既不是像世界语似的普遍文化的建设，也非人类管理的某些大技术的发明。而是要扩大在利益、外貌、财富和权力不同的人们之间可理解话语的可能性，并将他们纳入一个共同的世界"。我们以"局外人"的身份对传统聚落文化的观察和叙事，在未来将转向与其"局内人"同纳入一个共同世界，这种转变需要依靠"对话"这种叙事形式——"唤起"而非"表述"作为民族志话语转变的典范。

经典叙事需要专业的技术和成熟的语言能力，强调严密的结构，要有开端、发展、高潮和结尾。但是所谓"唤起"，呈现的不是故事而是经验，影像可以更加经验化和碎片化——最后带来的不是一个完整的故事，并且强调和观众（读者）的对话、交互和参与；不是单向、单一角度的表述，而是多元、多纬度的呈现。以上所述，提醒我们不能再以（或者说仅仅以）全知、俯瞰、主体性的立场来审视和表述传统聚落文化，而是要被传统聚落文化"唤起"我们这些"局外人"对当地人文种种的深切共情，同时也"唤起"当地文化持有者产生文化自觉，主动参与对话，完成自我叙事。

2. "自我民族志"的多重叙事

武汉大学人类学研究所的朱炳祥教授在其文章《事·叙事·元叙事："主体民族志"叙事的本体论考察》一文中，就叙事的三个形态谈到："叙事是一个包含着事、叙事、元叙事三种形态的统一性结构。事（事实）来源于当地人的直接陈述，叙事是对当地人直接陈述事实的呈现、解释与建构，元叙事则是对叙事的叙事。"从"叙事"和"元叙事"的多维度出发，与传统的影像志或影像叙事的"观察式记录"不同，后现代人类学视野下提出"自我民族志"或"主体民族志"的质性方法。"自我民族志"能够提供给"局外人"更为多元的观察途径和叙事方式，也能够更为全面地理解并推动"局内人"自身表述的可能性，并为他们对本土文化的影像叙事提供更多方法。

自我民族志产生于20世纪70年代，是在后现代主义理论影响下形成的、具有多重叙事特点的人类学研究方法，有着自己独特的本体论、认识论、价值论、修辞结构和方法。"在本体论上，自我民族志把个别现实视为一种心理结构，凸显了话语权和权力关系对个别现实的塑造作用，强调了不同的内在性、外在性和个人媒介。在认识论上，自我民族志关注相对语境下的意义、主体性和生活经验，将叙事分析视为个别'真理'。在价值论上，自我民族志从不隐瞒自己的价值观和个人关切，承认他们是基于某种意识形态立场来对个人经历进行描述的。"[1]"自我民族志"拓宽了人类学写作的多重视点，转向与聚焦个体、自我表述和多维叙事——这种转向，包括从群体转向个人，对"故事"进入到"经验故事"，拍摄者与被摄者之间实现了相互唤起而非单向表述的关系，拍摄重点从叙事产物转向了元叙事过程。

自我民族志的具体方法有多种分类，我们采用蒋逸民教授在其文章《自我民族志：质性研究方法的新探索》中的分类为主要依据，归纳和反思我们在实践中的运用。下面，我们主要讨论其中三种：唤起式叙事、反思民族志、本土民族志等。

（1）唤起式叙事

唤起式叙事又称为个人叙事，是叙述者或研究人员通过他们对自身经历的各种现象的经验、观察和理解来讲述有关双重学术身份和个人认同特征的故事。唤起是指作品的目的在于表达性和讨论性，而非

1　蒋逸民：《自我民族志：质性研究方法的新探索》，《浙江社会科学》，2011（4）。

传统社会研究所强调的代表性。唤起式叙事需要同时兼顾学术的普遍性与个人情感的倾向性，叙事方式甚至类似于小说、日记或自传。

唤起式叙事当然可以运用在完整结构、经典叙事的民族影像志里，但其个人化、碎片化和情绪化的特点更适合网络短视频、直播等方式，尤其是在地的田野调查、"局内人"直播自身文化等等。

（2）反思民族志

反思民族志又称为叙事民族志、反身民族志、自反民族志，主要关注主流文化之外的存在。研究者可以通过亲身体验其他文化，并与其文化持有者进行互动，形成自己的特有文化反思，从而加深对其文化本质的认识。

笔者指导的一部学生作品，是关于广场文化的纪录片《散在人间》，原本想以观察者的方式客观记录这个广场上的两名"局内人"——一名唱黄色山歌的离异女性，一名五十岁才隆胸的跨性别者。这两名被拍摄者都来自少数民族村落，离乡背井来到城市，但是很难得到城市的接纳。于是"她们"逐渐失去对自我的价值认同，而努力融入一个"她们"错误认知里的城市文化，比如整容、隆胸、在广场上歌舞狂欢。结果，"她们"反而被主流文化视为偏离传统行为模式的异化人群。在拍摄过程中，该片的拍摄者（研究者）发现，对方只展露（或者说表演）自身理解的"自己"，或者说"她们"从来没有得到真正呈现自己的机会，因而拒绝摄影机介入"她们"刻意遗忘的那个部分。随着进一步的观察和理解，尤其是那位离异女性的离奇失踪（被怀疑为他杀），使得该片拍摄者（研究者）开始重新审视自己的研究动机。他后来用自反性的方式重新解构了这部纪录片，反思了自己、摄影机和被调查者之间的关系。在片中他将各种拍摄的碎片、离异女性自己的朋友圈小视频、跨性别者自己拍摄自己的"艳舞"组接在一起，并穿插陈述道："摄影机作为电影眼睛，使我在平常毫不注意的人和事面前，深度地凝视他们。体会他们的悲与喜，体会他们自己都不曾或不敢面对的伤痛"……"由于纪录片，我们才能看见这些迫切需要被看见的人，我们才能通过镜头理解他们的哀伤，看到他们的渴望。纪录片使我们理解这个世界，包容了更多的人生，最后与自己和解。"

《散在人间》的叙事方法，正是一个局外人摆脱所谓"客观"视点的束缚，最大限度地动用了研究者自身的感官、身体、情感，以个人体验加入个人经历，描述他们所要研究的文化，他们实际上是用自己来了解他人。这种叙事，正是上述段落中提到的"元叙事"，即对"叙事"本身进行剖析。

（3）本土民族志

本土民族志是关于被边缘化或被非本土化的文化故事，以自身视角向他人传达或者解释本族群文化的特殊存在。研究者往往以"局内人"的眼光来看待本民族文化，因此他们时常可以作为"翻译者"，用自己的方式去书写自身的文化，以避免他人对本族文化的误解，并展示出被忽略的部分。也就是说，传统聚落文化持有者表述或者阐释自己的文化。

笔者指导的另一部学生毕业作品，此刻正在云南省普洱市墨江哈尼族自治县坝溜镇大掌村拍摄丧葬仪式。此项目是当地的一位村民阿福哥介绍和邀请此学生团队前去调查和记录，事先也得到丧礼主家的同意。但当该团队到达当地时，主家突然反悔，因为当地确实有外人不能进入仪式现场的忌讳。这种突发情况下，笔者建议由阿福哥持摄影机或手机拍摄——这种拍摄的技术和品质反而不那么重要，重要的是阿福哥作为本村的哈尼族，他对丧葬仪式的熟悉程度和理解方式显然是以"局内人"的方式去理解和记录。调查者就以反身民族志的手法讨论自己的拍摄意图和遇到的突发情况，再以阿福哥拍摄的本土民族志来呈现这个丧礼仪式。这种多维度叙事的方式，从另一个角度阐释了墨江哈尼族的聚落文化特点。

本土民族志的另一个案例，是云南"乡村之眼"乡土文化研究中心长达十多年的实践，他们"致力于帮助西部乡村的农牧民通过自己独特的民族文化视角，用影像的方式记录自己家乡的自然生态和文化传统，以及现今因现代化和全球化冲击而变化中的生活方式"。"乡村之眼"通过短期培训和长期指导拍摄，帮助传统聚落文化的在地记录者，拍摄自然、手艺、节日、非遗、环境保护、野生动物、文化传承、民俗、跨境民族认同等题材，希望让众多中国西部及东南亚乡村各族民众及青年影像行动者以镜头去诠释自己视角下的乡村。"乡村之眼"联合创始人陈学礼认为：他们的首要目的，是让影像叙事服从于本土文化的表达，服从于传统聚落居民的需求。他认为只要乡村影像的记录者没有把自己当成纯观察的摄影师，没有刻意把自己从家乡的实际情况中剥离出来，带入自己的思想情感去记录，拍摄者和摄影机跟前的人之间熟悉的关系，空间与人物的关系，就会自然呈现在影像之中。而这种自然流露出来的熟悉的人际关系，是乡村影像这种人工产品中很重要的特质。

"乡村之眼"所做的尝试，正是本土民族志的一种实践反映。这种实践为我们提供了一种范本：我们得以越过聚焦影像叙事的技术手段，帮助和促成传统聚落文化持有者进行反思和总结。他们对本土文化实质、经济边缘化和附属史有着深刻的体验，这些经验成为他们自身反思和认知自我、认知世界的主题。他们通过自传来讲述他们自己的文化故事。

四　小结

　　"艺术干预乡村建设"的立场促使艺术工作者不能再仅仅以观察者的身份"独善其身"，而是以一个行动者的角色有创造性地参与这个演变过程；传统聚落的建设也不仅仅局限在普罗大众认知下的建筑环境层面，更是以艺术工作者的创造力和视野对传统聚落文化进行总结、保护和发展。而这个创造力和视野，既是技术本身，也是对媒介的认知与运用。正如本文开篇所说，视听媒介时代势不可当，影像以言辞语言、文字语言所不及的方式触动着我们，它成为我们认识一切的突破口，为这个时代增添了更具经验思维的人文视角。

　　我们也必须看到：当下传统聚落文化的影像叙事有更多的传播可能性，比如说以流媒体为平台的短视频、直播，甚至全息影像等等。相比较以前的任何一个时代，传统聚落文化的观察者和持有者都有了更多表述的方式和传播的平台。越来越多的"局内人"用直播和短视频的方式表达自我，与"局外人"多维互动。博伊斯在20世纪60年代提出"人人都是艺术家"的构想已经成为现实。

　　而这种强调让传统聚落文化持有者产生文化自觉，把他们的自身经验呈现出来，"局内人"与"局外人"共同参与、交互和对话的方式，正是格尔茨谈到的"扩大在利益、外貌、财富和权力不同的人们之间可理解话语的可能性，并将他们纳入一个共同的世界"，更是习近平总书记提出实现"人类命运共同体"切实有效的途径之一；当然，这也正是乡村振兴的核心目的，更是艺术家在"艺术干预乡村"过程中应该具备的视野和为之奋斗的目标。

第十章

应用戏剧介入云南传统村落的实践与策略研究

本章以云南两个公益机构在进行乡村服务中，将应用戏剧介入云南乡村的实践为例，以"剧场艺术"的戏剧概念为视野，分析探讨应用戏剧介入云南乡村的价值与意义：研究其在运用中如何为乡村"闯入者"搭建关系桥梁的可能性；研究如何运用戏剧对身体的开发激活村民的自我认同和集体认同感的可能性。探讨艺术介入乡村如何从尊重、保护和建立艺术家与村民的新型互动关系来达到激活乡村自发性的艺术创造力与自我审美能力。

一　乡村中的戏剧艺术与剧场艺术

　　戏剧艺术的发展因为艺术形态的多变性，与其他艺术相比较具有形式的多样化和样式的丰富性，在戏剧艺术的发展中分支变得纷繁复杂，就当下的艺术形态来界定戏剧就更是难上加难。因本文讨论的范畴是应用戏剧在乡村的发展探索与策略，我们必须界定艺术戏剧与应用戏剧的边界，这样才不会混淆两者的观念与目的。

"应用戏剧"指的是要打破主流城市剧院的职业分界和创作方法，将戏剧艺术学及其他相关学科的理论直接投入创作实践探索剧场创作的新形式。[1] 但是在剧场艺术的发展中，它已经不仅仅为舞台服务，又分支到教育、社会服务、商业等领域。应用戏剧的萌芽是在当代西方剧场艺术的历史背景中开始的，它是一次戏剧观念大变革，将传统戏剧的边界拓展到戏剧之外，包括带有日常生活中人们透过自己无形的"取景框"[2] 所能看到的、发生在观者与行动者所共享的真实时空内的一切：应用戏剧工作坊、社区活动；甚至人的日常行为。因此，在一个比较广泛的概念下来探讨本章主题，我们先建立一个讨论的范畴。首先，"剧场艺术"产生的背景与今天我们讨论的时代背景有极其相似之处。该词是由当代戏剧家阿隆森提出，并将其做了最大的泛化。美国社会学家理查德·桑内特[3] 描述当时的主流剧场中因为中产阶级害怕个性展现在公众面前，剧场内观众变得失语；在剧场外，因缺乏社会规范的有效性和隐藏自己的原因，人们越来越缺乏社会性。剧场艺术就是面对这样的失语而因为阶层的姿态高低，相对低姿态的人群就会以权威阶层的视角来看待自我的文化。这就不得不让我们联系思考到今天的村落文化与城市文化的姿态高低，直接影响到我们对待饱藏着中华千年文明的传统村落文化的态度。

以剧场艺术的大戏剧观来研究当下乡村的时代风貌，从人类学、

1　李亦男：《当代西方剧场艺术》，广西师范大学出版社，2017年版，第6页。

2　〔美〕阿诺尔德·阿隆森将剧场艺术的本质定义为观看，借用相机的"取景框"来代指主体所观看的范围与情境。

3　美国社会学家理查德·桑内特（Richard Sennett，1943）在《公共人的衰落》中探讨现代人公共生活与私人生活的失衡，转向私人生活就造成公共人的衰落。因此，孤独是现代性不可避免的后果。

社会学、戏剧学的角度来探讨戏剧的流变，从而反思作为最有生命力的艺术形式，乡村艺术戏剧为何在演变中逐渐消亡？应用戏剧为何又在这个时间获得机会进入？这样的交替会给我们带来如何的思考与价值？应用戏剧属于戏剧学的范畴，也是产生于20世纪60年代的西方，是相对于艺术戏剧而言，共同包含在"剧场艺术"概念之下，将两种完全不同目的和边界的戏剧形态放在乡村这样一个时间、空间进行比较。艺术戏剧是指以审美为最终目的的戏剧，是原村民自发性的艺术形式，它们都由求神祭祀和劳作而来，是本土的，但是被现代工业廉价的电视、新媒体所取代，取代的核心是人类对故事、叙事、娱乐的工具运用，但直接带来的问题是文化断层。年轻人被外界新生事物裹挟，失去了对自我价值的认知和认同，从而完全将自己的文化贬低为旧的、低劣的和无价值的。但是，也因为如此，失去了生命成长的根，没有在现代文明中有所创造，最后变成失语的现代乡村人。应用戏剧是指以运用戏剧的手段为具体的目的服务的戏剧工作方法，目前比较成熟的有20多种类别。其中运用比较多的是教育戏剧、一人一故事剧场、即兴戏剧、论坛戏剧等，主要服务于乡村人群，有当地的儿童保护、老人服务、妇女、进城务工人员等。服务的目的主要集中在儿童保护、留守儿童与老人、校园暴力、家庭暴力、性侵、性别歧视、社区服务、农民工身份认同等当下乡村主要的议题。应用戏剧搭着社会学者的实践平台，居然在失语状态的乡村中，有了奇妙的发展。虽然目前还极其弱小，甚至全国能把它用到乡村的机会还很少，但就算只是那么一点点经验，也可让我们看到它的价值与效能。惊喜之余，也耐人寻味。为什么到今天，我们确实意识到自我文化保护的重要性，但还是没能有自己的当代艺术文化的变革与输出，还是在用西方的输入法来激活自己的文化活力？看着渐渐长满杂草的乡村古戏台，只能成为物质文化遗产的传统史诗、求神祭祀的戏剧仪式、快要失传的工匠艺术等等，我们失去的仅是村落艺术文化吗？我们失去的是作为人的自发性及创造性。而戏剧自古以来就是从载歌载舞中传承着多元文化的身体基因，从简单的戏剧开始，就是把人的觉知、意识、潜意识和感性经验寄托在"身体"里，并表达出来。到了繁复的戏剧，看似灯光、服装、道具、效果、化妆无限复杂，但都是从人的身体里延展出来的。当剧场的边缘已经拓展到更广阔的生活领域，那么身体就是流动的叙事舞台。若要期待有自发性的文化与艺术，那就要回归到人自身的认知与发展，而戏剧就一直如此在这条路上没有走偏过。

二　乡村戏剧的演变概况

在中国广袤的大地上，戏剧的起源是多地域、多民族、多阶层不断创造的结果。从原始的先民开始，就是在求神祭祀、耕耘劳作、游戏生活中逐渐孕育而生。戏剧的萌芽是从人的身体本能中开始的，虽然中国戏剧的种类很多，但其载歌载舞的共性形式，让我们看到从先民到现在乡村戏剧的血脉其实一直绵延至今。因此，戏剧艺术在乡村的根基是深厚的，它并非外来之物，只是在现代戏剧的演变中，在乡村发展的冲击下，戏剧的形式与嬗变让我们处于乡村外的研究者猝不及防，如果没有用一个更为广阔的"取景框"和学术视野来观察，就会错过乡村戏剧的这个嬗变敏感期。

中国应用戏剧的发展比较晚，是在2000年前后才开始，学科设置也是2005年在戏剧专业院校开始。但是，因为应用戏剧对中小学教学改革、社区服务、商业课程的辅助效果明显，接受过工作坊训练的学员很快就能喜爱上这种新的戏剧形式并结合自身的行业运用到各自不同的工作领域。目前在北京、上海、广州、武汉、云南等地都有了运用应用戏剧的众多机构，但是真实运用到乡村并有一定持续性时间的，云南算是在前列。因公益机构的负责人较早地接触到应用戏剧的课程，云南艺术学院2010年开始在戏剧学院设置了教育戏剧的专业，云南又是众多公益基金服务的对象，因为这些天时地利人和的机会，它如同蒲公英的种子一样散落到了乡村。在这样看似偶然的一个契机，让应用戏剧有机会跟随着这些探路者去到了城乡接合部的社区、去到了传统民族村落，最远的去到了边境少数民族的乡村小学。本文就以这些可圈可点的案例来总结分析，探讨应用戏剧在艺术介入乡村的这些枝蔓中，所获得的价值与思考，为接下来艺术介入乡村、服务乡村的过程中，提供有价值的实际效能与方法策略。

　　剧场艺术概念的提出具有时代特征与政治诉求，而我们当下的乡村正经历着国家扶贫政策的建设、科学技术的影响、商业化大潮的侵入。乡村不得不在日益更新着它的命运，而进入之前相对稳定的村落，所激发出来的问题就变得越来越充满不确定性。艺术介入乡村是有保护前提的介入，不仅要站在村民的意愿立场，还要站在全局视角去研究。因此，我们在观察当下艺术介入乡村的实践时，就可以将这个事实放置在一个戏剧空间的观念来定位研究，把整个乡村看成一个剧场艺术空间，乡村的地貌、自然环境、生活生产空间都是舞台，只要是公共环境就都是戏剧的前台，各家的房屋内部就是舞台的后台。那么，村民就是这个剧场空间的主要角色，他们每天穿梭在各自的前台与后台。在不断被开发旅游经济的乡村里，角色的复杂性也会随之增加。旅游者进入这个戏剧空间，他们与村民的角色就会发生改变。

如果旅游者来参观，那么就可以定义为观众，恰好此时生活在前台的村民就定义为演员。他们的一举一动就是舞台行动，他们与旅游者的交流和任何行为，例如买卖商品、餐饮服务等都被定义为演员与观众的交流互动。参观者、旅游者对传统村落的观赏行为等同于观众对演员表演的审美行为，在长时间的旅游项目开展变化中，当地村民就会受到观众交流互动的影响，特别在信息媒介多元化的现在，这些"观众"和自媒体传播的交叉影响下，当地村民正面临着不同程度意识形态的影响和被"改造"。很多传统村落朴实的民风在不断被开发的影响下，变得失去了原本的模样。旅游者也会不断抱怨，被过度开发的传统村落，正在变得商业化而失去原本大家想要去体验的愿望。这是商业不断跟随旅游者的脚步，逐渐在破坏着传统村落的自然发展。村民的自我认知也是在与外界交流中产生关系，通过关系不断确认着日益更新的"自我"。这个戏剧空间的功能越来越多元复杂，为村民增添的社会角色也就越来越复杂（图10-1、图10-2）。于是，原本单一封闭的传统村落社会关系，变得也越来越结构化、复杂化。村民的认知在不断被外界确认而刷新，这种矛盾冲突甚至在变化初期就会体现出来。而如果我们有戏剧学的基础认知框架，结合社会学、心理学、艺术心理学、戏剧心理学等学科，来推进运用戏剧工作的社会服务机构、学校科研团队、艺术家介入乡村的研究方法，这无疑是一件有保护的探索实验，本着保护当地村落的原始基础和人员关系的原则上，开展有保护的发展，尽可能避免盲目介入而导致的伤害。

在此基础上，最有意义的是，运用应用戏剧的工作优势，搭建艺术家与在地村民的良好沟通，搭建互相信任发展的桥梁，真正激发在地村民对自我的认知迭代，对本村艺术文化的价值认知，从而激发文化自觉、自信与无限的创造力，形成以在地村民为价值核心的乡村艺术发展道路，这样的艺术介入乡村才是和谐的、自然的、积极的、有互动的命运共同体。

图10-1　/　云南艺术学院文华学院学生在乡村（旅游文化试点）
上演艺术戏剧《贵妇还乡》

图10-2　/　云南艺术学院文华学院学生在乡村（旅游文化试点）
上演艺术戏剧《贵妇还乡》

三 身份与角色定位消解被观察的焦虑与疏离

戈夫曼在《日常生活中的自我呈现》一书中提到，"当人在扮演一种角色时，他必定期待着他的观众们认真对待自己在他们面前所建立起来的表演印象。"[1] 如果观众带有期待，那么表演就会不断靠近对方心目中的"理想范本"。"相对应的是，表演者还会去操控观众的信念，仅仅把他的表演作为达到目的的手段，至于观众对他本人或情境会有怎样的看法，他则毫不关心。"这就会让我们对艺术家的介入所面对的村民表现，就其真实性产生怀疑，这种不自觉的表演，甚至是潜意识的日常生活的表演，我们是很难界定的。帕克在自然运动轨迹的描述中有拓展到，人的词源最初的含义就是面具，这就如同角色，人也是在角色中才了解到自己。传统村落的村民角色比较单一稳固，但是一旦有人介入关系就开始发生化学作用。村民会根据角色的不同做出相应的反应，而艺术家的身份定位直接影响到介入的最终目的。

艺术介入乡村，艺术家是介入者，同时也是"闯入者"[2]。虽然现代乡村的基本人员关系已经不再那么单一，组成部分越来越多样，但是，艺术家的介入与一般行政、商业的介入渠道有所不同。对于远离文化中心的乡村，艺术工作者的进入有两种可能性结果。第一种是被村民忽略的"外来人口"。行政人员的入村，是管理者的身份，村民必然是要遵循行政管理的日常生活，从而产生联系；商业合作的入

---

1 〔美〕欧文·戈夫曼（Erving Goffman）：《日常生活中的自我呈现》，冯钢译，北京大学出版社，2012年版，第15页。

2 在一个恒定人物关系、社会关系的群体中，设置一个外来者，进入这个恒定的空间，激起原本看似大家习惯了的观念与共识的内在冲突，在戏剧中我们称这样的角色为"闯入者"，本文将传统村落在地居住的原住民以外的人称之为"闯入者"。

村，也必然形成交易的关系，他们自然就成为乡村发展中的共融关系。但是，艺术工作者的介入，一般是从个人行为慢慢发展成为集体行为，最后波及行政、商业的参与。例如，一些传统村落，先由一些艺术家发现其环境风貌、人文情怀等价值，就与农户签订租赁协议，将艺术创作工作室设置在农户家，在慢慢改造中还不断吸引其他艺术家朋友的参与和共创。这样的艺术介入乡村是自发性的，没有任何整体发展规划和服务指向性，仅靠着自然而然的个体交流，一般都无法在短时间内让村民们感受到艺术介入乡村的意义和价值，直到村落在艺术工作者们的影响力下，渐渐波及了行政或商业的参与介入，才会因为行政工作的介入和商业价值的变现（租房者越来越多、租金收入上涨等）出现显性的变化，因而思考到艺术介入的具体价值，但这里面一定没有让村民意识到艺术的精神对自身的价值提升和意义赋能。往往这样的艺术介入乡村仅局限在自然发展的缓慢发酵中，艺术介入的深度和广度只能根据艺术工作者的个人特质和艺术追求来确定，无目的性和交流无既定关系，使得这样的介入往往是被村民忽略的。在大家眼里，这里仅是多了一户或几户外来人口，除了好奇这些人的与众不同以外，关于艺术的命题毫无认知，这种艺术介入乡村的方式是全程"无感"的，艺术的意义是被忽略的。第二种是被村民仰慕的"艺术家"，他们的介入首先是被误导了的"角色"介入，艺术在村民的心目中是遥不可及的精神领域，哪怕是普通的艺术工作者也都带着神圣的光环，如果再有行政或商业的赋能与参与，村民就会自觉地变成被改造者。艺术工作者必然带着审美的评判者角色入场，将原本自洽的、恒定的、传统的、习以为常的本村艺术文化，放在了被改造者的位置上。这样的艺术介入乡村，就如同戏剧中一个"闯入者"的角色，必然对乡村原本平静的艺术文化生活带来冲击、搅起波澜。前者被村民忽略的艺术介入是艺术家的自我陶醉。甚至传统村落，也会被演变为猎取文化艺术资源的原产地。后者被村民仰慕的艺术介入是艺术家的自我对话。闯入者的角色虽然会搅起一波风浪，但是没有让在地村民发声的艺术活动，必然是无法生根发芽的艺术行为。应用戏剧的功能不是为了单纯的审美，而是为了服务于目标任务。最终的价值就是为服务人群和目标建立多元的沟通方式。特别是为服务者建立安全有效的戏剧情境，让不同的人群在此进行实验，对一种新型关系的实验，对一个共识问题讨论的实验，对一种生活冲突的解决方法的实验。有效的沟通是应用戏剧的优势。

两种关系都是艺术介入乡村的必经之路，前者是初期的萌芽阶段，对未来的走向是不明朗、不确定的。后者是发展中的不平衡阶段，艺术工作者代入的观念意识、审美认知、文化冲击等都带着强烈的"戏剧冲突"，村民要么被"艺术评判者"角色说服，自觉地认为艺术家的眼光就等于自己村落的标准，要么就是完全割裂这样的艺术介入关系，用"无声"来表明自身态度。只有我们不断在介入中明确各自的目的与角色定位，才会从根源上减缓村民被迫成为被观察对象、被研究对象不得不做出的"表演"而感到焦虑，甚至是失去真实的自我。

四 应用戏剧帮助村民找寻身份认同

中国社会的高速发展，使得村落也被卷入现代化变革的快车道。科技、媒体、新媒体的"闯入者"角色效应远比艺术来得猛烈。价值观的纷繁复杂，再加上各自目的性的多元混乱，给村民带来的是生活、生产方面的强刺激。过去相对封闭的传统村落，村民长期处于一种恒定的环境中，角色身份的认定并不复杂，自我身份的认同也比较纯粹。但是，如今社会发展的快车，把原本恒定的关系和村民身份甩出了他们的安全舒适范围，外出打工的村民在城市的身份认同感极低，就算是在地的村民，也会因为乡村的外来文化受到冲击，而感到不安。艺术的介入就是其中一种。过去的乡村艺术是沉浸式的生活方式，如果没有闯入者的冲击与比较，一切都是自然而然的生活。自我的身份认同，强调的是自我的心理和身体体验。乡村普遍的文化素质相对城市居民人口较低，想要通过阅读、语言表达、文字输出的方式来获得一种交流，从而达到身份认同的升级，那是比较困难而不可即的。应用戏剧运用形象而有意味的表达工具，可以激活村民的自我身心体验能力。在20世纪，社会学家、心理学家、人类学家都开始在各自的研究领域打开了研究的壁垒与边界。社会学家从身体研究的角度，形成了身体社会理论体系，将身体的重要性置身于现代人自我认同感中的核心要素。戏剧人类学的兴起，激活了戏剧家们从人类最原始形态的戏剧中找寻从古至今，已经深度融合在人类身体、生活、生产中的身体与精神的基因链条。

　　自我认同感的表现方式比较隐蔽，在眼花缭乱的乡村旅游景观中，我们看到的大多是生活表演的美好景象，但是在这些美丽风景的后台，才是自我价值认同感的真实表现之处。乡村女性面临的家暴、性侵、性别歧视问题在过去的乡村传统文化中容易被遮蔽，一是大家把这种问题归结于一种民族传统性别文化；二是哪怕在现代法治社会中，也因为难以启齿，最终都将这些问题变成个人隐私问题。长期环境与思想的禁锢，导致很多女性没有正确有效的渠道去认知自己的性别地位与社会身份属性。云南省高校性别促进小组从2015年开始运用应用戏剧的方式去服务不同的女性弱势群体，提高她们对性别文化的认知，其中就将影子剧场的工作坊带入到了乡村女性的群体中。在工作坊开展前，小组对遭受过家暴的妇女进行采访，鼓励她们讲出自己的经历，收集她们因为"不听老公话"而遭受家暴的故事。这些她们传统性别文化中习以为常的共同故事，当在工作坊中被演绎出来时，她们获得了一个安全的情感释放空间，在应用戏剧营造的"真实再现"的戏剧情境之中，受家暴妇女有机会从观众的角度去体验身心折磨的痛苦与不堪，使平时难以表达的情绪因为与剧中角色共情，而获得疗愈的体验（图10-3）。因为获得身份的认同，又有共有经历的妇女陪伴，她们能建立新的性别文化认知；通过对自身故事场景的再现，更清晰、明确地认知到哪些行为是被家庭暴力或者是性别歧视

图10-3 ／ 云南省高校性别促进小组根据个案改编的影子戏剧，图为儿童受到性侵的案例故事演出

了。小组志愿者为了能更进一步激发她们的表达能力，运用了应用戏剧中的影子剧场，这样的优点在于光影的艺术化，可以让再现暴力情境的场面不受到二次伤害，同时可以让原本表达能力较弱、没有表演基础的妇女在演出时的情绪表达更加流畅（图10-4）。

图10-4 / 云南省高校性别促进小组根据个案改编的影子戏剧演出

图10-5 / 云南省高校性别促进小组根据个案改编的影子戏剧，一只大手下象征着被家暴的儿童的无力感

图10-6 / 云南省高校性别促进小组根据个案改编的戏剧，运用了简单的道具"伞"与面具，艺术性地表达个案的伤痛故事

　　一次次野蛮的家庭暴力在讲述者口中都仅只是个案个体性的身心创伤，关于身体的疼痛和侮辱根源于被美丽乡村掩盖了的愚昧。脱贫致富、科技兴农让乡村的路通了、环境变美了、生活富足了。但是，传统村落遗留下来的男尊女卑思想、棍棒教育习惯等依然进步缓慢。学校教育主抓的是文化基础知识，但是关于生活基础知识就几乎没有机构可以完全覆盖。农村妇女的地位从古至今都是较低的，加上得不到更多教育机会，对自身的认识和生存环境中的价值与权益没有更多的自我成长机会，因此会有很多妇女保护组织把农村作为重点工作对象，但是，方法主要是做宣讲和访谈。而云南高校性别促进小组运用了一人一故事剧场、影子剧场等应用戏剧的工作方法后，不仅仅增强了宣讲的效能，最有突破点的地方是激发了妇女们开始尝试运用戏

剧表演的方式表达自我（图10-5、图10-6）。她们从不敢提自己的故事，到敢于当众讲出来。虽然一开始没有能力演出来，但就算如此，也在当众表达中宣泄了自己压抑已久的情绪。工作坊的志愿者运用戏剧的"假定性"契约法则，不仅仅让在场的观众与演员获得了一次安全释放情感的表达，同时也获得了戏剧中的"场效应"效果，演员与演员、观众与演员、观众与观众的"活"的交流，从而获得了一次次的交流与情感释放。在这样一个互动中激发了主体人群的自发性。他们从中获得了表达的方式与力量，在后续一些村里的表演活动中，有的群体还加入了民歌、花灯等本土的艺术形式，甚至还把这些她们自己编创的小作品搬上了社区的舞台。

　　这样的实践不仅让我们看到乡村女性的一次关于自我的成长，更重要的是我们从她们对应用戏剧的接受度和运用成果中，看到艺术介入乡村的一种新的可能性——让应用戏剧成为艺术家与乡村村民的沟通桥梁。艺术家介入乡村最终的目的是激活乡村的活力，而我们看似比较成功的案例，都是让乡村变漂亮了，引来了城市人群的眼光，成为网红打卡点，开展了旅游，激发了农村旅游经济。但是，这样的乡村有了艺术的外表，却没有了自我的认知。那么在城市文化、高雅艺术的高姿态介入下，就会形成村民对自我传统艺术文化的不认可，这哪里谈得上有自我审美意识的艺术创造？艺术的多元生态，是人们对于各自文化价值的认可与自信中产生的，那么对于乡村艺术的创造者的身份认同，就尤为重要。在这样的基础上，艺术家的介入是在一个平等、和谐的范畴中进行的。

五　应用戏剧对身体的觉醒意义与价值

　　无论艺术如何介入乡村，艺术家的目的一旦明确是激发乡村人群对自身文化的觉醒与自信，那么是否确实达到目的，衡量标准就尤为重要。笔者认为，无论以什么样的艺术方式介入，最终都是要看到村民自身的"行动"，一开始是被介入者带入的行动，一旦出现被他者定义到自我认知的零界点时，艺术介入乡村的真正价值就出现了。他们可以表现在村民开始有自己的艺术作品、审美精神、传统复兴，而这些成果，都将来自身体的觉醒。任何艺术形式的表达，都是从人的身体延展出来的对自我表达的一种展现。社会学家在近几十年来，普遍出现"具身转向"，将关注焦点转到了身体研究这个领域。戈夫曼是其中一位杰出社会学家，他对身体进行了大量的论述，在他的《日常生活中的自我呈现》一书中，运用了戏剧的基本概念来研究人的行为系统。戈夫曼最大的贡献是把吉登斯日常生活中的惯例研究与身体联系起来，并且运用戏剧的元素来为这些惯例服务。社会学家认为，身体"不是一件用具或是一种手段，它是我们在世界中的表达，是我们意向的可见形式"，海洛·庞蒂将身体观放置在了时间和空间的研究范畴中。"我们的身体处于时间和空间之中，生存活动或行为的相关领域不是地理环境，它们发生在行为环境之中。它们由我们通过身体先行建立起来的某些习惯性的行为方式来维系。与此同时我们的'手'、我们的身体具有灵活性，我们始终根据情境的变化，调整我们这种习惯的在世方式。习惯代表着过去而调整应对着未来。于是身体成为过去、现在和将来的交汇地，因为它把过去推进到未来的前瞻中，把未来奠基在过去的回溯中，而两者的结合点是现在。"[1]而吉

1　郑少东著：《行动的自我与身体——吉登斯〈生活政治〉研究》，杭州：浙江工商大学出版社，2016年版。

登斯又在海洛·庞蒂身体观的基础上提出了身体具有情境、空间性。身体的空间性不是如同外部物体的空间性或空间感觉的空间性，那样一种未知的空间性，而是一种处境的空间性。这里指的空间性非常接近戏剧中的"戏剧情境"[1]。人处于戏剧情境中就会不断被戏剧情境带入自然发生的行动，这一系列的行动，都是依附于身体来实现的。在社会学的身体研究中，身体变得抽象化、概念化，就算在戈夫曼的著作中也仅触及身体与行为的关系、表演与角色的关系、角色与角色的关系、个人与戏剧班的关系，很难具象地来描述和研究。但是，我们如果借助戏剧的元素来解释就会更加具象清晰。身体的外貌形象、肢体动作的运动规律、扮演与自我角色的具体距离、个人与环境的关系、人与人的关系、人与社会的关系、人与自我的关系，这些表达在戏剧中的研究是具有深厚的研究体系的，是可以用来具体观察和研究人的，表述不仅清晰可见，还能在戏剧情境的作用下不断研究身体与世界的关系。社会学家所定义的身体作为主体的研究体现，"我们通过我们的身体存在于世界之中，并通过身体与世界建立关系。"[2]海洛·庞蒂认为，身体是"在世存在"的真正矢量标志。那么这个矢量的具体测量工具是什么？他们并未明确提出，这就是在实践中我们为什么会有社会学研究者和运用社会学的服务者们，选择应用戏剧来继续诠释理论、来辅助工作的原因之一吧！在这里我们还在实践的路上。笔者从2014年开始，一直参与云南省文山壮族苗族自治州第八

1　戏剧情境是戏剧性构成的核心要素，它包含了人与人、人与事件、人与环境、人与心理等，在剧目创作中，戏剧规定情境的构成是创作的首要前提。本文将这个学术术语拓展到日常生活当中的自我呈现的范畴。

2　郑少东著：《行动的自我与身体——吉登斯〈生活政治〉研究》，杭州：浙江工商大学出版社，2016年版，第111页。

天儿童公益保护组织的乡村留守儿童服务项目，主要承担了教育戏剧部分。其中有面对乡村教师的教育戏剧课程、乡村留守儿童的戏剧课程、全国来到文山当志愿者的志愿者戏剧培训课程。项目责任方之所以选择教育戏剧来服务留守儿童，是在前期个案调查中，孩子和家人都很难完成自我表达。长期在封闭的村落生活，他们的基本社会关系比较简单。当专业服务者、志愿者们与他们交流时总是有一层天然屏障，很难开放交流的关系，这就为后面的工作带来了较大阻碍。后来，在借鉴了戏剧工作坊的基本形式后，搭建游戏的情境，在游戏中孩子们和老师们都可以快速打开之前比较封闭的状态，能在构建的戏剧游戏工作坊中愿意表达自己。在有课程目的的设计中，我们会将戏剧活动的练习转化为项目目的的服务。例如：在一期关于自我认知和成长为主题的戏剧夏令营中，成员一半是来自传统村落的困境儿童，一半是来自小镇的孩子，年纪在8岁到12岁。我们会用孩子们比较喜欢的戏剧游戏进行热身，让来自不同家庭背景的孩子先玩在一起，活动练习先从身体的开发、声音的开发、肢体的接触，再到角色的扮演，一步步唤醒已经长期形成习惯模式的身体，使其在老师创设的戏剧情境中逐渐打开并变得放松。放松的目的是为了让人处于一种安全感的环境中，而不会因为有其他人的存在，下意识地进入生活中的表演状态。这一小步的尝试，就为社会学的研究者和服务者提供了一个有效的工具。在运用戏剧的视角来观察人的身体时，可以很清晰明确。以下是其中一个案例：

　　三个分别为8岁、10岁、11岁的男孩，他们是一个困境家庭的三兄弟，但是因为家庭里错综复杂的父母、继父母关系，他们的这些父母都因贩毒、吸毒进入了监狱、戒毒所，有的已经死亡。他们成了孤儿，但是因为父母的行为而遭到村民们唾弃，没有任何邻里照顾他们。后来"第八天儿童公益保护机构"开始照顾他们，并且带他们来参加戏剧营，想给予他们关怀和教育戏剧的学习机会。但是，村里的人都因此愤愤不平，认为应该把教育机会给村里纯善家庭的孩子。因为这三兄弟没人管教，常在村里调皮捣蛋引发村民的不满。在村民的集体认知中，他们是不值得再去获得关爱的。但是，我们的工作其实也不仅仅是关爱小孩，而是在教育戏剧过程中，让孩子们有机会在戏剧情境中，去释放这个年纪不该承受的痛苦和压力，在更包容的戏剧情境中去重新建立自己的认知，在与同龄人的相互练习中，找回他们真实年纪里该有的无忧无虑的快乐体验，去找到与他人建立一种新型关系的体验，这种体验会激发支持他们回到生活情境中，有机会主动去与村民建立新的关系。他们来到教室一开始最感兴趣的是一个拳击用的大沙包，每次经过那里都会非常暴力地去"玩耍"，力量很大，其他孩子都感受到那种暴力的威胁，不敢靠近。一直到他们终于踢坏了沙包，来到教师办公室的"后台"，开始紧张胆怯起来，交流中身体展现出埋着头、缩着肩，自知犯错而内疚的样子。他们很担心被批评指责，但老师并没有立即指责他们，而是去问他们身体的感觉。为什么会那么喜欢踢那个沙包？踢沙包的时候会有什么感觉？当沙包坏了的时候他们是什么体验？孩子们防御性的身体渐渐被这些关于"身体体验的问题"打开了，渐渐抬起头，坦诚地讲述自己的真实感受与体验。结合他们的回答，老师带着他们去思考，这样的行为自什么时候开始，相似的行为举止会在生活中哪些情境下出现。虽然只是孩子，但他们在不断再现相似的场景时，自然地感觉到他们和老师的关系原来可以是这样的平和，也不断找寻到"愤怒"的根源，全部发泄在沙包上，这里面就包括了他们家庭的关系问题，以及村民对待他们的歧视问题。这样一个利用现实情境发生的事件，打开了他们对抗外界的壁垒，让后面的活动可以更加有效地进行。在这里我们是否看到应用戏剧的身体开发作用？为何给孩子们安置这个沙包？因为在前期调查中，对有社会压力和家庭教育导致的暴力倾向的预见性，我们就会在戏剧教室内安放这样一些辅助道具，让他们的压力有合理的机会和空间去释放。而后，我们可以从前置的戏剧小游戏，去观察他们每个人的性格、特点。我们在戏剧角色扮演练习中，会根据孩子们的这些具体特点，进行角色分配，在角色中让他们去释放情感，疏通长久压抑的负面能量。一开始是给予他们与自身比较相似的角色来扮演，先建立自信，而后当他们已经让身体展现得自如舒适起来时，再不断用扮演的游戏让他们尝试转换一些角色，从小动物，到有喜怒哀乐的小动物；从生活中的同伴、老师等角色，到离他们稍微远一点的职业角色，如医生、汽车司机到飞行员。在这些角色中，装进了他们的喜怒哀乐，装进了他们的"理想范本"[1]，装进了他们的"未来梦想"。几天课程的体验中，他们已经融入了这个陌生的环境，也自然而然地减少了暴力行为和与人交往时的那种胆怯与抗拒，终于与其他孩子自然地相处在一起，之前他们一直是三人行，别的孩子难以融入他们，他们也不愿融入其他人。在要离开夏令营时，他们一直不愿离开，默默在教室里帮老师们整理着教学用具，在最后不得不回去的那一刻，主动与老师们拥抱在一起，"拥抱"这样一个简单且艰难的动作表达，对他们来说是一次"冒险"。从一开始的紧张、对抗的身体、长期与

---

1 在孙惠柱教授所著《社会表演学》一书中，将社会表演学理论中，自我心中与社会人群对社会角色所期待的理想角色的呈现，定义为"理想范本"。

外界分离的不安，因为这样一个过程，变回到他们年纪里该有的开放、坦诚与友爱。这样一个"拥抱"，意义非凡，是身体的自由，是一次对于"关系"的再定义，是一次自发性地去改变与他人的关系，是自主性对自己的认同。他们感受到他人善意的时候，其实自己就会认可自己的善意。相比看似有暴力倾向地对抗外界，在此时此刻他们才是最勇敢的人。

相似的案例还有因意外全身大面积烧伤的11岁女孩，来到正常身体孩子们当中，因为应用戏剧的方式让她很好地融入正常孩子们的戏剧活动中。一个青春期男孩，母亲是越南被拐卖的妇女，被两次转卖，他知道自己母亲的身世，还有一个同母异父的哥哥时，他变得极度自卑。初见他的时候，我们一旦与他交流，他就把下颚深深地埋在脖子下面，就算蹲下跟他说话，都看不见他的眼睛。他和父亲住在用木板搭建的小屋里，因为村落搬迁而家庭非常贫困，不得不独门独户居住在原村落。他虽然身体不愿意参与我们的任何活动，但一直坐在教室里不愿意离开。我们感受到他其实很想加入，我们设计一些符合他爱好的角色给他尝试参与，渐渐地他开始投入其中。这些留守儿童经历着他们这个年纪本不应该经历的社会环境与生活情境。乡村里的每一个困境儿童家庭，相似的都是因为贫困，家长不得不外出务工，而缺少爱的关怀和成长的支持，使他们有着轻重不一的伤痛。他们没有机会获得长期的心理辅导和爱的教育，就算不是问题严重的家庭，他们也因为父母的长期缺失，或多或少会有心理自卑的问题。我们在整个教育戏剧过程中，从来不说教，不用规章制度去规范他们，反而给予他们可以宣泄情感的安全戏剧情境，只是让他们在角色模仿中、故事情境中，去获得身体的开发与探索，给予他们一次美好的链接过往与未来的自己。戏剧的"假定性"实现了社会学者们前面提到的将时空的情境承载身体，身体成为过去、现在和将来的交汇地，如果仅只是自然而然地生活着，这样的交汇变化将会变得漫长与狭隘；如果仅只是自我生命的正常轨迹，那要有如何强大的意识与觉知才能获得？"自我当然是由其肉体体现对身体的轮廓和特性的觉知是对世界的创造性探索的真正起源，有关身体和自我的关系，维根斯坦给予我们许多教诲，身体不仅仅是一种实体，而且被体验为应对外在情境和事件的实践模式。"[1]这句话该如何理解，我们知道身体在社会生活中依靠时空为其具体定位，它能够根据对象场合的不同呈现出不同的表现形式，在这一方面身体呈现出非凡的调整能力，它可以根据肢体语言表达自己的需求。面部表情和其他题材提供了作为日常交往之条件的场合性或指标性的基本内容。"我们之所以能成为一个有能力的能动者，即能够在平等的基础上，与他人一起参与到社会关系的生产与再生产中，就是我们能够对面部和身体实施持续成功监控的结果。因此吉登斯说身体的控制是不可言说事项的核心方面，但它是可以研究事项的必要框架。"[2]

　　身体的经验是必须自己去身体力行获得的，每个人都有自己独特的感受力，能够激发我们自我独特性的创造力。而一个村落，在地域、气候、人文、历史、审美等范畴是具有整一性、共时性与空间性的，因此，这样的范畴就会达成一种由个性到共性的集体意识集合，激活个体与群体的自我感受力，就是激活村落文化自主性的核心要素（图10-7、图10-8、图10-9、图10-10）。

1　贾国华：《吉登斯的自我认同理论评述》，《江汉论坛》2003（5）。

2　郑少东：《行动的自我与身体——吉登斯〈生活政治〉研究》，杭州：浙江工商大学出版社，2016年版，第113—114页。

图10-7　/　文山麻栗坡猛洞中心小学老师们的即兴工作坊，图为大家在总结焦虑与压力的原因

图10-8　/　文山麻栗坡猛洞中心小学老师们在教育戏剧课堂教师培训中的分组讨论

图10-9 / 文山麻栗坡猛洞中心小学老师 们即兴戏剧课程的现场演出

图10-10 / 文山麻栗坡猛洞中心小学，这里的学生从一年级就开始住校，周末家长来接学生们放学，这是笔者刚结束教育戏剧课堂拍摄

六　实践中的反思与策略

当我们从戏剧扮演中获得身体可以变化的体验，从不同体验中获得与习惯了的自我进行对比，在对比中更加确认现在的自己，对自己不断的感受与觉知支持着自我的身份认同，这是内在产生的能动作用，能不断发挥能动作用的行动者在日常生活的真实环境中，才能觉得自己不是演员。区分自己不同生活空间变化中的角色，才能搞清自我生活的价值与定位，这样的认同感才符合今天村落与外界不断交融的变化。这样的能动作用激活了身体本身所承载的生命，带着自我价

值的认同，带着自我适应性的能力，带着个体审美意识的觉醒，才会创造出以自身需求为目的的外部世界。

应用戏剧在国内还属于戏剧学中比较前沿的领域，它能在云南的传统村落获得一次次的新空间，一开始是依附于社会学者们对它的关注与运用。虽然相比全国应用戏剧在乡村的运用可以算作是较早且较多，但目前还在探索的前期，这样的探索离理论可以推演的方向还相距甚远。笔者前期做的相关实践案例分析也无法在这里占用过多篇幅，仅以有限之力，在此做出以下几个运用中的总结与思考。

1. 要增强戏剧理论的研究主动性

（1）立足专业、打破边界

应用戏剧介入乡村，是以社会学研究者和社会服务机构的介入而参与的。表面看上去是一种偶然，但事实上也是一种必然，从戏剧发展的历史来看，中国戏剧史从古至今都伴随着国家发展的脚步从未停滞过，在不同的时期都发挥着它的历史角色作用。从先民时期的戏剧雏形，到今天的乡村小戏，它的生命力一直都在延续。特别是传统村落的民间戏曲，它们如同史诗般记载着先民至今的智慧与感知记忆。从祭祀、游戏、劳动中发展而来的民间戏剧，在现代城市化发展的进程中，乡村文化因为赶不上城市文明的速度而被看作是落后的，但从用艺术的角度来看，它往往蕴含着人类最宝贵的直觉精神，是纯粹的精神表达，是感性经验的集中体现。在西方理论的影响下，我们过去一直在回避"感性"的价值，当鲍姆嘉伦提出来"感性学"[1]完善的必

1　"感性论"是鲍姆嘉伦在1750年提出的，是重视人的感性能力培养的一个学科。

要性时，东西方学者才反思跨过康德的"审美学"回到"感性学"的主张，而作为中国艺术精神中本来就有的对感性经验的美学观念，才算是再次荣登研究舞台。中国戏剧从古至今的载歌载舞形式，对身体的运用与表达本来就是中国艺术的宝藏。但是，在现代化进程中，我们既没有建立自己现代性的艺术范本，也失去了传统艺术精神的传承，最终停滞在一个非得用强大的保护措施才能记录它们的境地，但是这样的保护能保护多久？能等到传统村落自发性的艺术创造吗？城市艺术已经被同一化，有着丰富多元文化的传统村落还能自己造血吗？艺术家们应该更加关注乡村的艺术研究，它还保存着人类最宝贵的原始艺术精神。

应用戏剧在村落运用的理论研究目前还仅只是成为社会学的工具，一切都还在依附于社会学的研究上，没有形成独立的思考，自身的实践与理论研究还比较薄弱。我们应该清晰艺术的精神价值，更加主动自发地开展探索与研究。交叉学科的研究确实带来了学科探索的思路，但是在各自领域的立场与角度，以自身学科的理论出发，结合其他学科的辅助，才能真的做到专业价值的贡献。

（2）以"大戏剧观"的理论为视野

从应用戏剧的介入出发，并不仅仅是工具与桥梁的角色。艺术介入乡村的目标是对中华民族传统精神世界的唤醒，是重建传统村落的信仰世界与生活空间。戏剧情境、生活情境、心理情境、商业情境，给今天的传统村落带来了更多元复杂的时空概念。因此，我们戏剧的介入要具备戏剧人类学、戏剧学、戏剧戏曲学、少数民族戏剧学等，一个更为全面整体的戏剧研究理论团队来介入。在实践和运用方面要不断与其他学科交流研究，才能支持艺术介入乡村的最终目标。

2.在运用中的反思与策略

云南民族大学性别研究小组从2016年开始运用应用戏剧进行服务与研究，"第八天儿童保护公益机构"从2015年开始，成立儿童一人一故事剧团（图10-11）。

图10-11　/　文山"第八天"儿童剧团为老年群体演出

3. 在与项目参与者的采访总结后，几点反思如下

（1）服务难以持续性的困境与策略

公益项目都是有一定时长的服务，一般在一年至三年之间。因此，对当地的项目服务一旦完结，如果期间没有刻意地去培养当地的剧团并且成长持续服务，就很难将这样的工作形式扎根下来。这就关系到我们如何看待应用戏剧介入乡村的目的。我们并不是要在乡村发展应用戏剧剧团，而是将这种戏剧形式，运用于介入乡村的艺术工作者、

社会学工作者、人类戏剧学工作者等介入工作中，可以有效搭建"闯入者"与村民的一个桥梁。那么这项工作的承担者最有优势的群体就是高校戏剧专业的老师与学生团队。我们既有科研能力又能有可持续服务的可能性，带领学生们介入，也可以提供更广阔的实践空间和机会，这就需要国家对高校的教学科研在这个方面给予更多项目基金支持。

（2）提升专业性的指导与研究

从现有的运用来看，现行的机构比较困难的是团队的戏剧功底训练。因为缺少专业戏剧人才的持续参与，在表演专业性上比较薄弱，这就使在剧团演出时品质无法提高而困惑。这个问题关系到前面笔者提到的，需要更多戏剧专业人才更加主动地关注到乡村，不仅仅理论上探索与研究，还要在实践中不断把专业技能与乡村的实际情况进行融合与改进，使之更有实际操作性。

（3）根据目的分类使用

在应用戏剧的大框架下，目前有儿童教育戏剧、一人一故事剧场、论坛戏剧、影子剧场、即兴戏剧等几种主要方式，大家在使用时并不是很清晰使用的区别与联系。这一点比较复杂，目前以笔者的学习研究和实践经验来谈，应用戏剧虽然有20多种比较固定的形式，但在使用中目前主要是以上几种，而且它们在形式上还各有分工。我们可以按照应用效果来分。注重叙事与轻疗愈效果的主要是一人一故事剧场、影子剧场；注重提升创造性与团队协作能力的有即兴戏剧；用于具体活动目的、增长具体能力的有教育戏剧；用于公众事件讨论工具的有论坛戏剧；等等这些主要是在执行架构上和具体习式上的区别。但是在团队练习中，关于戏剧表演的练习和合作练习其实是可以相互交叉使用的。这种框架式的戏剧形式，之所以比传统戏剧、话剧容易在非专业团体中流传，就是因为它的规范性、可操作性、可复制性较强，在探索中业余团队根据具体需求，自我迭代的机会也比较大。

（4）新乡村叙事结构的探索与发展

在运用中，编创故事对于非专业的人难度比较大。活动中原地取材的故事会很多，无论是个人的故事还是具有村落特征的公共叙事，需求是大的，但编创故事对于非专业人是比较难的。笔者在实践中也有同样认识，这可以借鉴即兴戏剧中的"八句话故事构架法"、"一人一故事"中的"三段式"叙事法、"封面故事"叙事法原理，将基本叙事的几种类型，进行框架的设计，结合具体呈现方式，固定成为习式，这样就会提高大家编创故事的效率。这里要重点指出的是，应用戏剧不同于艺术戏剧的叙事美学追求，只需要能简单复制的故事结构与表达形式，可以支持到原故事的快速讲述与表达。结构给予大家，只需要将原故事充实在结构中，大家能看懂就可以。关键是与之匹配的表现形式。

（5）审美追求与审美界定

艺术审美性的提升需要一个漫长的过程。我们在将戏剧介入乡村的实践中，必要的前提条件是：尊重他们本来传统的审美习惯，尊重村民的主体性，不应该用外界的审美标准去衡量，而是与在地村民一起探索将他们自发的审美选择如何表达于他们自己的故事。这不仅仅是一个工作方法，更应该是介入者的心理界限。

（6）介入时机与范围

应用戏剧可以以短期项目与长期项目两种模式介入。短期项目可以与艺术项目共同介入，在开展前、开展中、开展后进行外来者与村民关系"桥梁"的搭建、项目开展的调查，以及后期完成的总结。长期项目最好的入口就是从学校的教育系统来开展。目前中国戏剧家协会的下级子分会——教育戏剧协会，也在各中心城市开展教育戏剧教师的师资培养，在网络上开展面向乡村教师的公益课程，这些都是最好的时机。而认同感的建立最好的时机也是中小学年龄阶段的学生。这个系统比较稳定，而且为培养有自我认同感的新村民，也是迫在眉睫的文化建设要事。其余的介入方式更多以农村文化服务项目介入，比如前面提到的公益机构的项目，这些也已经有了比较成功的案例。"第八天儿童保护公益机构"建立的儿童剧团，不仅仅是孩子们讲述自己的故事，他们还组织去到老年群体中，为他人服务。这样心理焦点的挪移，是将自我认同感提升到自我实现的更高的方向，在新村民关系构建中，更是一次大的跨越与成长。

七　小结

梳理戏剧在传统村落的演变史，我们看到从远古先民自发式的戏剧创造，到如今已经停留在社会现代化发展前期的现实状况。与戏剧一起停下脚步的是乡村的文化自觉与自信。在现代文明的冲击下，用经济的数据来衡量艺术的优劣与价值，使我们对自我价值产生怀疑，处于文化失语、艺术失语的停滞状态。商业时代的冲击，城市已经不断地被同一化，乡村还能保存的中华民族丰富多元的文化基因实在不易。但是，随着商业化的侵入，很多民族文化浓厚的村落也渐渐被异化。表面上在复兴乡村艺术文化，但事实上都不是村落原生村民自发性的保护和发展。外来的"闯入者"带着各自不同的目的在影响着村落文化的自然发展。艺术家的介入是以保护为前提的介入，修复旧民居、旧戏台，引领共建公共艺术、记录影像等，这些充满情怀与责任感的辛勤付出，最终期待的是能激活乡村本来的活力，从他者的认同与珍惜中，点燃村落的自我认同与集体认同感。而应用戏剧是激活人的自我认同感最有效的艺术方法，从身体的认知出发，从多变的角色开始，从复杂的关系厘清，找回原住村民迷失已久的那个"自我"。不为旅游经济去做失去灵魂的"表演"，不做旅游经济中的"活道具"，而是有归属感与认同感的新村民，对于他者的"闯入"有着坦诚宽厚的胸襟，在社会变革中不会失去自我创造的原动力，将自己的体验唱在歌里，将劳动的快乐与情感编织在舞蹈中，将自己的故事记录在戏剧中、影像中，甚至创造出更加符合自身感性经验的多元艺术表达。又将这些美好的精神融入在现代的生产生活中，创造符合自己生活、审美追求的建筑，制作符合本民族文化当代意识的服装、工艺产品。这样的理想状态，才是民族多元文化发展的意义与价值。

结　语

传统村落保护和发展的目标是恢复村落的活力，过去恢复活力是让乡村走经济建设的致富道路，现在不仅要让村落富裕起来，更要让村落变得美好起来，让村落成为精神家园，不同于城市的文化景观。传统村落保护与发展要建立新的生活美学和生活样式观念，乡村要发展成一片能安顿灵魂的归宿之地。艺术家、设计师需要寻找一些普遍性的规律，这些经验能够拿到别的一些乡村帮助村民去借鉴，因为传统村落不仅蕴含着文化根脉的归属，更是人类社会的农业文明智慧在未来探索新生态道路的又一个起点。

"艺术介入云南传统村落保护与发展"，是指在传统村落中进行一定的艺术创作，成为进行保护和发展的手段与途径。云南众多的乡村皆是以农耕为主，兼具畜牧业和手工业为一体的封闭型社会，而劳动则是维系农业生产的核心因素。无疑"艺术"这个字眼对于乡村而言是陌生的。在云南众多的传统民族落中，村民有其世代相承的生活模式，日常的生产需要及精神信仰也有其逐步沉淀而形成的稳定形态。无论是田间地头的耕种，还是对于农作物的细致加工，抑或是对于畜禽的精心饲养，劳动者们的辛勤付出最终换来了乡村经济的自给自足，而稳定的田园生活又进一步触发了人们对于精神世界的探索，各类与农业生产相关的节庆和民间习俗应运而生，最终构建起一个和谐的绿色家园。在这样相对完备的"乡村体系"之中，"艺术"该产生怎样的"力量"和"效应"？"艺术介入"的目的最终是什么？"艺术"怎样才能与村落、村民的日常习惯及"归属感"产生链接？在传统空间中的"民艺"该怎样迎合当代转换？艺术家怎样才能在乡村语境的创作过程中转换身份与角色？这是艺术家在用艺术形式作为手段干预乡村发展即将面临的社会性思考，否则"艺术介入传统村落"就会变成权力或资本的"强势干预"，艺术形式也只会沦为表面的装饰符号。本书第五章也谈到，简单粗暴的干预方法对于有着深厚历史文化的传统村落和在这里世代繁衍生息的村民而言，只会破坏村落的历史文脉和对村民的生活造成一定妨碍。

对于自身就具备完整生态资源及文化脉络的传统村落而言，"艺术介入乡村"这一命题本身就充满悖论和疑虑。从书中第一章绪论部分就提出是艺术需要介入乡村还是乡村需要艺术的介入——乡村本来就是一个完整的生命体，其本质上是一个以乡村劳动者为主要人群，以地缘和族缘关系为纽带所构建起来的地方性社会共同体。劳动者的去留决定了乡村的命运。当代艺术家、设计师投身于乡村建设，无论是对于产业结构的调整，还是对于环境空间的营造，归根结底都是为了让世世代代在这片故土上辛勤耕耘的劳动者适得其所。如果我们在艺术介入乡村保护和发展过程中不以地方性为前提，而是以艺术家自身创作为目的，那最终"艺术介入乡村"必然只会对已经在工业生产、网络时代为背景的话语权下非常脆弱的原生聚落的自然生态和传统文明造成二次且不可逆的破坏。

一　艺术介入传统村落工作必须尊重村民主体性

艺术介入村落保护与发展创作活动的开展，必须是建立在对传统村落和乡民的了解的基础上的，培养村民对故乡的文化认同和归属感，构建村民的文化自信与自豪，才能产生源源不断的保护动力，才是建构可持续发展和美丽乡村文化复兴的前提。

村落中人与人之间、人与物之间、人与周边自然环境之间的关系，在无数岁月的积累下逐步形成了村民的民生民情、日常社会关系和精神需求。从本书第五章到第七章都以不同的案例阐述了以艺术手段对村落的文化加以整理、研究、表达和再创作，在视觉、听觉等可感知的空间和社会心理各层面上，建立了具有象征意义的视觉、听觉以及肢体符号，将无形的文化有形化和公共化，转变和落实在行动艺术上，加深村民对故乡的人文和地理环境资源、历史文化、社会经济等多方面的认知。当代设计师、艺术家对于村落保护和发展的介入其本质上是一个关于家园重构的命题。秉承着为劳动者而设计的使命，在尊重乡村历史传统和独特性的前提下，把乡村价值放在多样性生态文化观和大的社会共生的格局之中，重新去评估云南独特的传统村落在世界多元发展中的地位的独立性。重建文化家园的目标是要修复人与人之间的关系，重新修复乡村的价值。

从本书第三章到第四章可以看出，从村落面貌、工艺、技术、演化研究入手的建设，只能因地制宜、因材施技、因人而美。创作过程须秉持与村民"平等"交流、"互助"协作的态度。明确"艺术介入传统村落保护与发展"课题的目的，一方面我们需要强调设计师的创造性；另一方面，村落不是凝固不变的，更要尊重村民的自主性。找到村落不断演化的底层逻辑，是艺术"真诚"介入乡村的基本前提和路径。

在此前提的基础上，本书第二章以民居建筑的演化案例研究了介入村落保护与发展的内生性动力，艺术或者说技术进村可以说是一种"乡土的文化重建"。在村落里进行的艺术实践应该让外来的理念变成村民的主动接受，并转化为内生性的动力。劳动者是决定乡村社会发展方向的核心因素。但在现代文明和城市化的影响下，乡村的产业现状却发生了巨大的转变，往往让那些传统的乡村劳动者失去了主导的发言权。村落文化建设的目标之一就是唤起农民的文化自觉，所以不能像商人那样包装售卖乡村资源，也不要以艺术家的姿态高高在上。首先要尊重当地村民的主体性，在任何项目实施之前，先行开展调查研究，了解当地村民的生活现状和生活需求，通过文化艺术干预来激发他们的文化自信，重视和关心他们的创造和成果，让当代艺术手段的优势和传统村落的场所精神相融合。

第八章关于民族乐舞的记录与活化明确了艺术必须要和社会、文化结合在一起来谈。艺术手段的干预应该建立在文化自信的基础上，让原本的传统民间艺术能够自发地存在、延续和发展，为更多人所知。首先需要深入到村落传统民间艺术的过程中参与观察，需要分析过程里面各种各样的力量和因素，力量怎么发挥，因素怎么作用，只能先尊重来自民间的艺术，才能激发和调动村民的自信，然后才会建立文化自觉，最终才能把云南的特色文化更进一步发掘出来，把云南的特色艺术财富更进一步发掘出来。

二　重建传统村落的信仰世界与生活空间

本书第四章谈到随着城镇化的发展，传统村落自给自足的局面被打破。大量的劳动者从乡村流入城市，参与到城市建设和各类服务性行业中去，导致了许多传统乡村的"空心化"。在这种状况下，劳动者们所从事的业态也发生了转化，随之而来的便是生活方式、居住方式和村落风貌等一系列的改变。在云南的很多传统村落中，村民希望把传统的民居改成随处可见的水泥式建筑。从追求舒适感和现代化来说不是个问题，而这就是当下云南众多传统村落的现状。但古旧建筑是当地的人文景观，一旦改变，长期在这一自然环境中流传下来的人文景观就消失了，地方的特色也顿时不见了。

　　如第三章就提到如果从人类学角度看待云南多民族的传统造物文化，我们就能体会到云南众多民族村落的传统都与自然崇拜、祖先崇拜的信仰息息相关。这些村落中的村民也秉承着人神合一的理念，都认为世世代代所居住的村落已经不仅是自己的家，也是被神灵庇佑的家园，更成为守卫的神灵的家，对于居住在民族村落的居民来讲，村寨和房子不仅是他们生活的物理空间，还是他们生活的精神空间，村落存在的基础和法则、制度以及日常生活都需要自然之力的祝福和氏族祖先的保佑。里面不仅有他们在居住，还有他们祖先的灵魂也依附在其中，村民的日常居住空间就是围绕着这样一些空间所建造。许多的文化礼仪在里面举行，这就将日常生活神圣化了，日常生活的习俗也成为每个人的道德准则。因此，云南众多的传统村落环境和建筑就不仅有功能性，还有文化性、世俗性和神圣性。这样的空间属性已经不仅是村落里的生活生产空间，更成为教育空间、历史性空间以及政治文化空间。没有了这些神圣的空间或者事件性的场所，村庄也会逐步失去归属感和存在感。应当要保留和传续这些建筑空间以及当地村落里所承载的文化价值体系。从第八章到第十章可以看出，民族乐舞的活化、视听媒介和应用戏剧的运用，直接作用于村落中的主体"村民"，以唤醒为行动准则，建立了从"物"到"人"的转化（表11-1）。

表 11-1　云南传统村落精神空间的重建

行动主体	村民、政府部门、设计师、规划师、科技人员等			
行动形式	政府部门制定政策制度	精神意识重构 主体：政府部门、设计师、村民	空间建构 主体：村民、设计师、规划师	
行动视角	政策规划与导向	云南传统村落精神空间的重建	艺术介入云南传统村落具体的空间建构	
行动方向	模式 权益分配 空间正义 生产主体 生产方式	历史文化 民俗文化 生活文化 地域文化 宗教文化 意识形态	空间层次	空间场地
			文化空间节点	构筑物、基础（文化）设施、民居院落等
			文化空间轴线	街巷空间、景观道、历史街巷、消费街巷等
			文化空间节面	文化广场、文化片区、活动片区等
			文化空间场域	边缘乡村文化空间区域

从本书绪论部分的云南传统村落的保护和发展建设首先面临的就是乡村人文景观、象征系统的再造案例里看到，艺术家的特长是将无形的文化有形化和公共化。因为云南地方文化的多样性，民族传统文化的根基都在乡村。但记录和建构地方性的历史与文化知识体系尚属薄弱。从20世纪80年代起，农民逐步离开乡村，现代化和城镇化是一种不可逆的大趋势，在这场社会大变革中，使乡村许多具有神圣性的建筑遭到了破坏。从前因富有浓郁的文化空间记忆而变得丰富多彩的

村落，面临过度现代化而改造成千篇一律的旅游区，云南传统村落中的社会多元文化，也由此失去了其整体的社会记忆。第八章重点阐述了艺术干预的重要性之一就是应该帮助村落继承知识体系和重建文化记忆，才是在国际化过程中再次凸显地方知识和价值的意义所在。

所以，艺术介入修复传统村落价值，其实归根结底是一个关于家园重构的命题，首先就应还原事件性空间所承载的各种历史和意义，修复承载着这些信息的传统空间，理解和关注乡村文化与历史的关键符号，艺术介入乡村建设的宗旨不在于其审美的物化建设，而在于其人心及信仰建设，从而不至于抹杀文化符号的差异性，在社会整体语境中凸显出独立特殊的精神价值。

三　艺术介入传统村落的展望与目标

来自不同领域的专家，都在思考乡村保护和发展的问题。从政府致力于"美丽乡村建设"，到经济为导向的"乡村旅游开发"，再到专家倡导的"传统村落保护与发展"，都在积极推进中，但在当代中国"乡村振兴"的宏大时代命题之下，中间又存在以资本或权力为短期目标的"乡村改造"，最后作用的核心还是落足于产业和劳动者这两个方面。乡村的产业发展应该如何正确定位？而对于乡村中的劳动者而言，他们的身份认同和劳动价值又该如何体现？在人类学家看来，如果将单一的现代化理念从城市复制到乡村，让乡村走一条简单的经济协同发展的乡村现代化道路，那会面临真正有"村魂"的传统的村落全面衰落，或者让乡村成为城市与城市之间的驿站，甚至让中国的非物质文化遗产和传统的乡土文化逐步消失。

中华民族的文化自觉和文化自信的建立，要走从"乡土中国"到"生态中国"之路。"生态中国"之路，[1]是高科技加高情感、高科技加传统文化和高生态主义，是在互联网时代和新能源加工业4.0的基础上，真正实现传统的乡土文化复兴之路。而当代以村为单位的集体经济的主业态是应以生态农业为主导，附加第三产业的休闲产业、文化产业。这样，这条"生态中国"之路才能产生新的生产方式、新的产业结构和新的社会结构，甚至还可以探索出新的城乡社会发展格局。乡村建设不仅是经济建设，也是文化建设、心灵建设。不仅是把乡村城市化了，或者城乡一体化了，还要认识到每一个村落都有自己独特的自然风貌和历史发展过程，都是独立的生命体。我们不能因为乡建，就有统一的建筑、统一的商业模式而迅速抹平了它原有的独特性和多样性，还要努力地去恢复和建构自然生态和人文生态，复兴传统文化中的许多重要价值。通过乡村找到我们的一种新的生活方式，一种新的生活态度，甚至包括一种新的生产方式和新的经济结构。其中既有如何处理人与人之间关系的传统价值，也有处理人与自然之间关系的传统法则，更包括了传统农业文明积累下来的生态观和造物智慧。

艺术介入云南传统村落的生态修复途径，首先需要尊重村落的主体性，通过社会学方法的调查，了解村民的意愿，避免用历史遗产的主观判断来确定村落的文化价值，尊重当地传统文化的脉络。本书第七章就以民族传统服饰为切入点，研究了重建文化根脉实则是一种文化寻找、发现和传承的过程。传统村落所具备的是文化价值而不是文物观赏价值，村落作为人类诞生之初的共同家园是精神性的，也是最

1　方李莉:《艺术介入美丽乡村建设：人类学家与艺术家对话录之二》，北京：文化艺术出版社，2021年版，第26页。

需要共同守护的遗存。要帮助乡村实现自我造血，而不是艺术家自我展示的平台。第六章以民间传统工艺为例，说明了其中首先要建立身份自信，其次是培养协作精神，同时提升村民艺术素养，并解决缺乏一技之长的问题，并且以村民为主体，积极使用乡土材料或者就地取材、因材施技。

艺术介入传统村落的保护和发展，是人类重新认识自己的传统文化，并以艺术作为桥梁寻找回家的路，进而塑造人类新生活的开始。目前在云南传统村落中正在进行和开展的众多艺术实践，或许只是艺术家、设计师们在乡村振兴的大背景中所进行的探索与尝试，但这种的介入和干预以及世人对其的认可，却预示着乡村正在努力地崛起，无论任何团体，都应更加深入地聆听和思考来自村落中的村民的声音，形成既符合现代人类的生活方式和审美，又具有乡村特色的新的乡村生活方式与文明习惯，保留住其历史文化遗存，找到既能改善乡村居住环境、提高劳动者生活水平，又能保护历史文化遗存和拥抱现代生活的最佳模式。而乡村中的那些劳动者，也终将遵循着时代发展的趋势得到新生。艺术介入传统村落的保护和发展，其焦点不再是艺术本身，也无关艺术审美的范畴，而是通过以艺术为手段的转化，重新建立起人与自然、人与社会、人与人之间的链接，重塑村落里世代传承的家庭传统伦理精神和礼俗秩序，唤起不同个体的主体性和参与感，并产生持续不断的创造力，在乡村、在城市、在你我身边，用蕴含着我们世代积累下来的中华文明的智慧，来拯救我们这些失去根脉和故乡的城市人，才是乡村复兴和乡村建设的终极目的。

邹 洲

2023年2月

参考文献 ▮

一、中文著作

宾慧中:《中国传统白族民居营造技艺》,上海:同济大学出版社,2011年版。

曹津永:《民族文化生态村:当代中国应用人类学的开拓·走向网络》,昆明:云南大学出版社,2008年版。

陈学礼:《民族文化生态村:当代中国应用人类学的开拓·传统知识发掘》,昆明:云南大学出版社,2008年版。

刀承化:《傣族文化史》,昆明:云南民族出版社,2005年版。

刀波:《傣族非物质文化遗产概说》,北京:中央民族大学出版社,2010年版。

董季群、宋春兰:《乡村传统工艺》,天津:天津人民出版社,2015年版。

方李莉主编:《从遗产到资源》,北京:学苑出版社,2010年版。

何明:《云南十村》,北京:民族出版社,2009年版。

蒋高宸:《云南民族住屋文化》,昆明:云南大学出版社,1997年版。

李亦男:《当代西方剧场艺术》,桂林:广西师范大学出版社,2017年版。

吕品田、徐雯:《中国传统工艺》,北京:京华出版社,1994年版。

罗钰:《云南物质文化·纺织卷》,昆明:云南教育出版社,2000年版。

刘瑞璞:《中华民族服饰结构图考》,北京:中国纺织出版社,2013年版。

马炳坚:《中国古建筑木作营造技术》,北京:科学出版社,1991年版。

麻国庆:《永远的家》,北京:北京大学出版社,2009年版。

孙琦:《云南物质文化·少数民族服饰工艺卷》,昆明:云南教育出版社,2004年版。

孙琦:《民族文化生态村:当代中国应用人类学的开拓·生态村的传习馆》,昆明:云南大学出版社,2008年版。

谭人殊：《滇池古渡海晏村》，昆明：云南美术出版社，2019年版。

图海纳：《我们能否共同生存？既彼此平等又互有差异》，北京：商务印书馆，2003年版。

王冬：《族群、社群与乡村聚落营造——以云南少数民族村落为例》，北京：中国建筑工业出版社，2013年版。

王国祥：《民族文化生态村：当代中国应用人类学的开拓·探索实践之路》，昆明：云南大学出版社，2008年版。

汪民安：《身体、空间与后现代性》，江苏：江苏人民出版社，2006年版。

吴裕成：《中国的门文化》，北京：中国国际广播出版社，2011年版。

吴彤：《自组织方法论研究》，北京：清华大学出版社，2001年版。

吴卫民：《戏剧本质新论》，昆明：云南大学出版社，2012年版。

徐自强：《古代石刻通论》，北京：紫禁城出版社，2002年版。

杨大禹：《云南少数民族住屋——形式与文化研究》，天津：天津大学出版社，1997年版。

杨大禹、朱良文：《中国民居建筑丛书：云南民居》，北京：中国建筑工业出版社，2010年版。

杨宗亮：《云南少数民族村落发展研究》，北京：民族出版社，2012年版。

杨大禹、朱良文：《云南民居》，北京：中国建筑工业出版社，2010年版。

杨大春：《语言 身体 他者》，北京：生活·读书·新知三联出版社，2007年版。

尹绍亭：《民族文化生态村：云南试点报告》，昆明：云南民族出版社，2002年版。

尹绍亭：《民族文化生态村：当代中国应用人类学的开拓·理论与方法》，昆明：云南大学出版社，2008年版。

佘碧平：《梅洛–庞蒂历史现象学研究》，上海：复旦大学出版社，2007年版。

张皋鹏：《川西少数民族服饰数字化抢救与保护·羌族服饰卷》，上海：东华大学出版社，2013年版。

邹洲：《云南少数民族人文居住空间传统营造技艺特色研究》，北京：民族出版社，2021年版。

郑少东：《行动的自我与身体——吉登斯〈生活政治〉研究》，杭州：浙江工商大学出版社，2016年版。

朱映占：《民族文化生态村：当代中国应用人类学的开拓·巴卡的反思》，昆明：云南大学出版社，2008年版。

朱怡芳：《中国传统工艺》，北京：北京教育出版社，2013年版。

中国艺术人类学学会编：《艺术人类学的理论与田野》，上海：上海音乐学院出版社，2008年版。

李亦男：《当代西方剧场艺术》，桂林：广西师范大学出版社，2017年版。

吴卫民：《戏剧本质新论》，昆明：云南大学出版社，2012年版。

二、译著

〔美〕鲍德温：《设计规则：模块化的力量》，张传良译，北京：中信出版社，2006年版。

〔美〕伯纳德·鲁道夫斯：《没有建筑师的建筑：简明非正统建筑导论》，高军译，天津：天津大学出版社，2011年版。

〔美〕盖洛鲁：《通过身体思考》，杨莉馨译，南京：江苏人民出版社，2005年版。

〔美〕克利福德·马库斯编：《写文化》，高丙中、吴晓黎、李霞译，北京：商务印书馆，2006年版。

〔美〕克利福德·格尔茨：《文化的解释》，韩莉译，上海：上海人民出版社，1999年版。

〔美〕克利福德·格尔兹：《追寻事实》，林经纬译，北京：北京大学出版社，2011年版。

〔美〕克利福德·格尔兹：《地方性知识》，北京：中央编译出版社，2000年版。

〔美〕克利福德·格尔兹：《论著与生活：作为作者的人类学家》，方静文、黄剑波译，褚潇白校，北京：中国人民大学出版社，2013年版。

〔美〕克里斯·希林：《身体与社会理论》第三版，李康译，上海：上海文艺出版社，2021年版。

〔美〕马克·莱文森：《集装箱改变世界》，姜文波译，北京：机械工业出版社，2008年版。

〔美〕欧文·戈夫曼：《日常生活中的自我呈现》，冯钢译，北京：北京大学出版社，2012年版。

〔美〕斯蒂芬·阿普康：《影像叙事的力量》，马瑞雪译，杭州：浙江人民出版社，2017年版。

〔美〕苏珊·朗格：《情感与形式》，刘大基、傅志强、周发祥译，北京：中国社会科学出版社，1986年版。

〔英〕鲍山葵：《美学三讲》，上海：上海译文出版社，1983年版。

〔英〕怀特：《文化科学——人和文明的研究》，曹锦清译，杭州：浙江人民出版社，1988年版。

〔英〕迈克·克朗：《文化地理学》，杨淑华、宋慧敏译，南京：南京大学出版社，2005年版。

〔英〕莎拉·平克：《影视人类学的未来——运用感觉》，徐鲁亚、孙婷婷译，北京：中国人民大学出版社，2015年版。

〔法〕莫里斯·哈布瓦赫：《论集体记忆》，毕然、郭金华译，上海：上海人民出版社，2005年版。

〔南非〕保罗·西利亚斯：《复杂性与后现代主义——理解复杂系统》，上海：上海科技教育出版社，2007年版。

三、外文著作

FRAMPTON K. *Modern architecture: a critical history:* 4edLondon: Thames&Hudson, 1899.

四、期刊及学位论文

柏文峰：《云南民居结构更新与天然建材可持续利用》，清华大学博士论文，2009。

陈全荣、李洁：《中国传统民居坡屋顶气候适应性研究》，《华中建筑》，2013（4）。

陈文苑、李晓艳：《民俗文化村少数民族传统手工艺品产业发展研究——以云南新华村银器为例》，《贵州民族研究院》，2017（8）。

段威、李雪：《同源异构——科尔沁右翼前旗地区当代乡土住宅的自发性建造研究》，《建筑创作》，2020（2）。

董苏、郭凯：《周城扎染技艺及其现状分析》，《丝绸之路》，2009（1）。

段剑源：《云南民族手工艺与村落经济结构演变的关系》，《艺术研究》，2015（3）。

范钱江：《浅析现代主义建筑风格的兴起与发展》，《美术大观》，2017（2）。

韩冰：《云南鹤庆新华村银器制作调研》，《中国文艺家》，2020（10）。

胡鑫：《浅谈勒·柯布西耶现代建筑五要素的形成》，《城市地理》，2016（2）。

郝琳、黄印武、任卫中：《真设计下的真生活：郝琳、黄印武、任卫中三人谈》，《时代建筑》，2013（7）。

和晓蓉：《中国仪式艺术研究综述》，《思想战线》，2007（11）。

蒋逸民：《自我民族志：质性研究方法的新探索》，《浙江社会科学》，2011（4）。

卢建松：《自发性建造视野下建筑的地域性》，清华大学博士论文，2009（11）。

刘桂腾：《镜头是学者的眼睛——音乐影像志范畴与方法探索》，《中国音乐》，2020（3）。

刘晶晶：《云南"一颗印"民居的演变与发展探析》，昆明理工大学硕士论文，2008。

刘晓燕、陈楠：《对话黄印武：活的文化，新的传统》，《时代建筑导报》，2012（4）。

刘春：《民族民间手工艺传承衰微与勃兴》，《学术探索》，2013（9）。

李骁健：《中国传统民居建筑装饰木雕艺术研究》，青岛理工大学硕士论文，2013（5）。

李长福、郭艳：《传统民间手工艺复兴与村落文化转译研究》，《皖西学院学报》，2020（2）。

李辉：《乡村振兴背景下齐鲁民间手工艺的创新发展路径》，《中国文化报》，2021（9）。

庞昊田：《形式遵循气候——查尔斯·科里亚的建筑空间与气候环境浅析》，《四川建筑》，2017（11）。

裴璐：《社会变迁视角下山西新绛传统村落手工艺变迁研究——以光村、西庄村、泉掌村为例》，山西师范大学，2020（7）。

彭文斌、郭建勋：《人类学视野下的仪式分类》，《民族学刊》，2011（1）。

钱美琴：《扎染的发展现状及对策研究——以云南大理为例》，《大众标准化》，2021（8）。

吴志宏：《没有建筑师的建筑"设计"：民居形态演化自生机制及可控性研究》，《建筑学报》，2015（12）。

卫大可、刘德明、晁军：《建筑形态的结构逻辑》，《华中建筑》，2006（1）。

魏保磊:《新华村白族银器传统手工技艺旅游开发研究》,大理大学硕士学位论文,2020(6)。

王莉莉:《云南民族聚落空间解析:以三个典型村落为例》,武汉大学博士学位论文,2010。

王亚鑫:《传统营造在当代乡村环境设计中的传承与创新研究》,北京工业大学硕士学位论文,2019。

汪淼、田逸飘:《乡村振兴背景下传统民族工艺与民俗文化旅游融合发展研究——以银都水乡新华村为例》,《绿色科技》,2021(8)。

万丽、吴恩融、迟辛安:《从灾后重建到乡村复兴——"一专一村"光明村灾后重建示范项目》,《建筑技艺》,2017(8)。

肖旻:《试论古建筑木构架类型在历史演进中的关系》,《华夏考古》,2005(1)。

肖陪:《基于乡村振兴战略的石林撒尼刺绣传承与发展研究》,《昆明理工大学》,2020(3)。

于光君、费孝通:《"差序格局"理论及其发展》,《社会科学论坛》,2006(12)。

杨晓龙:《现代主义建筑探源》,东南大学博士学位论文,2007。

杨峥峥:《云南滇西地区彝族民居火塘空间形态的研究》,北京工业大学硕士学位论文,2019。

曾志海、董博:《云南绿色乡土建筑研究与实践》,《动感(生态城市与绿色建筑)》,2010(1)。

庄雪芳、刘虹:《中国古代建筑登记制度初探》,《大众科技》,2005(7)。

张云平:《原生态文化的界定及其保护》,《云南民族大学学报》,2006(4)。

朱炳祥:《事·叙事·元叙事:"主体民族志"叙事的本体论考察》,《民族研究》,2018(3)。

乡村之眼:何为乡村之眼.[EB].http://www.xczy.org/aboutus,2018/2021-1-24。

陈学礼:民族志电影笔记(拾贰)以"乡村影像"之名(贰).[EB].https://mp.weix.in.qq.com/s/97zCzof_QpP80FwjhyiHJQ,2020-11-03/2021-1-24。

图书在版编目（CIP）数据

艺术乡建：艺术介入在云南传统村落保护与发展中的
理论与实践研究/邹洲等著.—北京：商务印书馆，2024
ISBN 978 - 7 - 100 - 23305 - 7

Ⅰ.①艺…　Ⅱ.①邹…　Ⅲ.①艺术－关系 — 乡
村规划 — 建设 — 研究－云南　Ⅳ.①TU982.297.4
②F320.3

中国版本图书馆 CIP 数据核字（2024）第005046号

艺 术 乡 建

艺术介入在云南传统村落保护与发展中的理论与实践研究

邹　洲　等著

　商 务 印 书 馆 出 版
（北京王府井大街36号　邮政编码 100710）
商 务 印 书 馆 发 行
山西人民印刷有限责任公司印刷
ISBN 978 - 7 - 100 - 23305 - 7

2024年4月第1版　　　　开本 787×1092　1/16
2024年4月第1次印刷　　　印张 21

定价：118.00元

005